science·i

暮らしを支える「熱」の科学

ヒートテックやチルド冷蔵、
ヒートパイプを生んだ熱の技術を総まとめ!

梶川武信

JN264924

SB Creative

著者プロフィール

梶川武信(かじかわ　たけのぶ)
1942年、東京都生まれ。名古屋大学大学院工学研究科修了。工学博士。専門はエネルギー変換工学。通商産業省(現経済産業省)電子技術総合研究所(現独立行政法人産業技術総合研究所)から湘南工科大学までの42年間、熱電発電など新発電技術の研究開発および大学教育に従事。現在は湘南工科大学名誉教授。著書は『「再生可能エネルギー」のキホン』(SBクリエイティブ)、『エネルギー工学入門』(裳華房)、『海洋エネルギー読本』(オーム社)、『熱電学総論』(S&T出版)など。

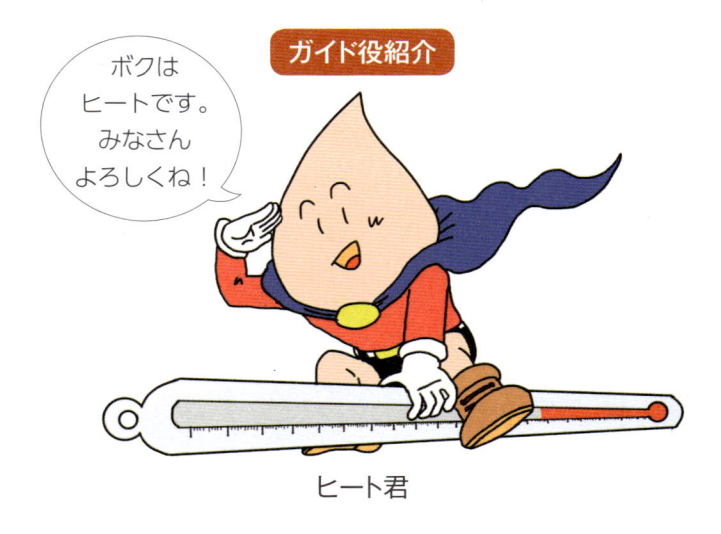

ガイド役紹介

ボクはヒートです。みなさんよろしくね！

ヒート君

本文デザイン・アートディレクション：株式会社 エストール
イラスト：かまたさとし
校正：曽根信寿

はじめに

　「熱」は、私たちの環境や毎日の食事など、身のまわりのすべてにかかわりをもっています。そのため、熱は空気や水や重力と同じで、あって当然、あたり前の存在だと思っているでしょう。

　ところが私たちは、体調がすぐれないときは、わずか1〜2℃の体温の変化で大変つらい思いをします。気候が急に変わると敏感に反応して、寒さ対策や暑さ対策をしますね。料理でもお風呂でも、ふだんとちょっと違う温度というだけで、おいしさや満足感が大きく左右されます。

　こんな熱とは、いったいなんなんだ⁉と思ったところから本書が生まれました。

　考えてみれば、熱って見えるものでもないくせに、いろいろなモノに作用して変化を起こすふしぎなものです。そういう目で見ると、熱はなにから生まれるのか、どのようにモノの形や働きに影響するのか、モノとモノの間をどのように伝わっていくのか……などなど、疑問は尽きません。

　人類という種が生き残り、文明を生みだすことができたカギは、「火」という熱の活用にあったといわれます。そして

現在は、パソコンやスマートフォンに代表される高度情報化社会になっていますが、ITやエレクトロニクスを支えているのも、実は「熱の技術」なのです。

あらゆる分野で「縁の下の力もち」の働きをしている熱について、分野別に「熱のふしぎ」をわかりやすく解き明かしていきたいと考え、本書の内容を構成しました。おもなテーマは、身のまわりの暮らしにかかわる熱です。

第1章では、熱の基本である温度と、身のまわりの素朴な疑問を取り上げました。第2章と第3章では、衣食住という暮らしと熱とのかかわり合いを取り上げました。特に、日常的に熱を扱うキッチンまわりは事例が多いので、調理や冷蔵を中心に熱を考えました。そして第4章で、熱エネルギーに支えられている生き物としての人間と、厳しい自然環境と闘う動植物の熱への適応や工夫を見てみます。第5章では一転して、生活を支える工業製品の製造にかかわる熱や、ほかのエネルギー源から熱をつくるしくみなどを取り上げます。なかには現在研究が進められていて、みなさんがなじみのない技術も少し含まれています。最後の第6章では、熱の起源である宇宙に目を向けてみます。

本書では、それぞれの熱がどれくらいの温度になるのかをイメージしていただけるように、なるべく数値で表しています。その数値をだすには計算が必要ですが、式は用いず、比例するとか逆比例するといった表現にしています。また、いくつか例外はありますが、○○の法則といった表現はなるべく使わないように努めました。こうした法則や公式を見つけ

た人の業績は偉大ですが、ふだん熱を使うのには必要ありません。たとえば、エネルギー保存の法則はエネルギーを扱う場合に最も大事な法則ですが、その中身である「エネルギーは形がどう変わろうともなくならないのだ」といった内容さえ理解すれば、それがどんな名前の法則なのかは問題ではないからです。

　身近な暮らしの中で起こっているさまざまな熱の現象は、熱の1つの性質だけで起こることはまれです。ほとんどの場合、いろいろな熱の性質が複合し、助け合うことで実現できていると考えるべきでしょう。本書を読んで、「あぁー！　そーなんだ！」と思っていただければ、望外の喜びです。

　本書の企画構成からイラストにいたるまで、常に読者の立場から本書の出版に粘り強く力を尽くしてくださった科学書籍編集部の中右文徳さんに心から感謝を申し上げます。

　本書を読み終え、身のまわりの熱に少し気を配るようになったら、熱からも倍の恩返しがあるかもしれません。また新たな疑問を感じたら、もう一度本書に戻っていただくと、得心していただけると思います。

2015年5月　　　梶川武信

CONTENTS

はじめに ……………………………………………………………… 3

第1章　熱の基本と素朴な疑問 …………………………………… 9
- 01　温度（℃）はどのようにして決めたの？ ……………………… 10
- 02　太陽の熱は地球にどのようにして伝わるの？ ………………… 12
- 03　北極や南極はなぜ寒いの？ ……………………………………… 14
- 04　地球の熱はなにから生まれるの？ ……………………………… 16
- 05　温泉になるのは雨水？それとも海水？ ………………………… 18
- 06　大気の熱と雷の関係 ……………………………………………… 20
- 07　富士山山頂でごはんは炊けるの？ ……………………………… 22
- 08　温室効果のひみつ ………………………………………………… 24
- 09　ヒートアイランド現象ってなに？ ……………………………… 26
- 10　海風はどうして起こるの？ ……………………………………… 28
- 11　深海の海水温度は何℃くらい？ ………………………………… 30
- 12　化石燃料ってなに？ ……………………………………………… 32
- 13　核エネルギーってどんなもの？ ………………………………… 34
- 14　再生可能「熱」エネルギーって使えるの？ …………………… 36
- 15　ガラスに比べて鉄のほうが早く熱が伝わるのはなぜ？ ……… 38
- **COLUMN1**　熱のサイエンスの歩み …………………………… 40

第2章　暮らしの中の熱のふしぎ ………………………………… 41
- 01　モノをこすると熱をもつのはなぜ？ …………………………… 42
- 02　モノが燃えるためにはどんな条件がある？ …………………… 44
- 03　日光に当たるとなぜ暖かく感じるの？ ………………………… 46
- 04　エアコンはどうして暖房できるの？ …………………………… 48
- 05　床暖房を導入したいけどメリットはある？ …………………… 50
- 06　電気こたつのぬくもりの秘密 …………………………………… 52
- 07　断熱カーテンの特徴はなに？ …………………………………… 54
- 08　結露を防ぐにはどうする？ ……………………………………… 56
- 09　「ヒートテック」ってどうして暖かさが持続するの？ ……… 58
- 10　どんなウインドブレーカーを選ぶといいの？ ………………… 60
- 11　ニクロム線に電流を流すとなぜ発熱するの？ ………………… 62
- 12　火災のときの安全な逃げ方は？ ………………………………… 64
- 13　ラジエーターにはどんな役割がある？ ………………………… 66
- 14　廃熱を再利用しているって聞くんだけど？ …………………… 68

暮らしを支える「熱」の科学

ヒートテックやチルド冷蔵、ヒートパイプを生んだ熱の技術を総まとめ！

15	冷房のしくみとは?	70
16	面冷房ってどんなもの?	72
17	打ち水をするのはいつがいい?	74
18	暑いときはシャツを着ていたほうが涼しいの?	76
19	涼しさを感じる繊維とは?	78
20	保冷剤の正体とは?	80
COLUMN2	**エネルギーのかたち**	82

第3章　キッチンまわりでの熱のうまい使い方 …… 83

01	「焼く」料理のいい点は?	84
02	備長炭で焼くとおいしくなる理由は?	86
03	「蒸す」料理のいい点は?	88
04	蒸発と沸騰はなにが違うの?	90
05	「煮る」料理のいい点は?	92
06	「炒める」料理のいい点は?	94
07	「揚げる」料理のいい点は?	96
08	「燻す」ことのメリットはなに?	98
09	土鍋を活用したい理由とは?	100
10	圧力鍋を勧める理由	102
11	IH調理器はどうやって加熱する?	104
12	電子レンジはどうして加熱できるの?	106
13	食材を冷凍保存するときに知っておきたいこと	108
14	水は0℃以下でも凍らないことがある?	110
15	冷凍冷蔵庫のしくみとは?	112
16	食材のベストな解凍法は?	114
COLUMN3	**「焼け石に水」をかけると**	116

第4章　人間や動植物と熱の関係 …… 117

01	なぜ体温が必要なのか?	118
02	体内の熱エネルギーのつくり手は?	120
03	汗をかく効果とはどんなこと?	122
04	動物たちの耐寒対策とは?	124
05	植物の温度調整法とは?	126
COLUMN4	**熱の利用に3つの"R"**	128

SB Creative

CONTENTS

第5章 モノづくりに利用される熱 129
- 01 金属の結晶は再生するの? 130
- 02 熱をスイッチに利用できるの? 132
- 03 形状記憶合金はなぜ元の形に戻るの? 134
- 04 物質の第4の状態「プラズマ」ってなに? 136
- 05 「熱が仕事をする」とはどういうこと? 138
- 06 エントロピーってなんでしょう? 140
- 07 熱を100%仕事に変えられるの? 142
- 08 スターリングエンジンってどんなもの? 144
- 09 蒸気で発電するしくみとは? 146
- 10 ガソリンエンジンとディーゼルエンジンはどう違う? 148
- 11 熱から直接、電気を取りだせるの? 150
- 12 太陽熱を集めよう 152
- 13 地熱で電気がつくれるの? 154
- 14 風から熱をつくる風力発熱機 156
- 15 5000℃の熱をつくるには? 158
- 16 熱交換器ってなに? 160
- 17 金属より早く熱を伝えるヒートパイプ 162
- 18 アナログ? デジタル? 温度計の話 164
- 19 温度分布を画像にする赤外線サーモグラフ 166
- 20 電気で冷やす熱電素子とは? 168
- 21 熱で水素がつくれるの? 170
- 22 高温の熱をためるにはどうする? 172
- 23 熱を運べると便利だが 174
- COLUMN5 熱容量のふしぎ 176

第6章 宇宙と熱の話 177
- 01 宇宙の熱の起源はなに? 178
- 02 宇宙空間の温度は何度くらいあるの? 180
- 03 太陽熱はどうやってつくられる? 182
- 04 宇宙空間にあるモノの表面温度はどれくらい? 184
- 05 宇宙では電源をどうするの? 186

参考文献 188
索引 189

第①章
熱の基本と素朴な疑問

いちばん身近な「温度」が決められた経緯をはじめ、私たちの環境を取り巻くいろいろな熱の働きを明らかにします。

01 温度(℃)はどのようにして決めたの？

　温度は、熱い冷たいや暑い寒いといった、"熱の強さ"を数値で示したものです。温度は世界中で使われるものなので、それを表すには、誰にでもわかりやすい共通の尺度(ものさし)が必要でした。その共通の尺度の1つが、**セ氏(セルシウス)温度**[℃](ド・シー)です。

　熱の強さの尺度は、定点となる2つの状態を決めて、その2点間を等間隔に分割して単位としました。ちょうど、長さを表すメートル[m]が、地球1周を4万kmとして定められたのと同じです。セ氏温度の定点は、水の性質と熱との関係から決められています。

　定点の1つは、水が凍る(液体が固体になる)という、誰の目にもわかる状態が選ばれました。正しくは、「0℃:1気圧(1013hPa)のもとで、水と氷と水蒸気が存在するときの熱の強さ(水の**融点**)」と定義されています。もう1つの定点は、水が蒸気になるとき(液体である水が気体である水蒸気に変わる)という、これも誰の目にも明らかな状態が選ばれました。こちらは、「100℃:1気圧のもとで、水と水蒸気だけが存在するときの熱の強さ(水の**沸点**)」と定義されています。この2つの定点の間を100等分して、その1目盛りを1℃と決めました。

　温度に上限はありませんが、下限はあります。下限は、物質に含まれるエネルギーがまったくない状態です。熱がゼロになるこの温度を**絶対温度**と呼び、これを定点の0とした温度の単位が[K](ケルビン)です。絶対温度0[K]は−273.15[℃]にあたり、温度の目盛りの幅はセ氏温度と同じなので、[K]に273.15を加えた温度がセ氏温度になります。

温度とは熱の強さ

（無限大まで）
高温 ↑

100℃ → 定点：水が1気圧のもとで沸騰するとき

同じ目盛り幅

この間を100等分 → 1℃

0℃ → 定点：水が氷になるとき

同じ目盛り幅

0K

低温 ↓
（0Kまで）

絶対温度0Kは−273.15℃

水と水蒸気の接したところが100℃
1気圧
水蒸気
水

水と氷と水蒸気の接したところが0℃
1気圧

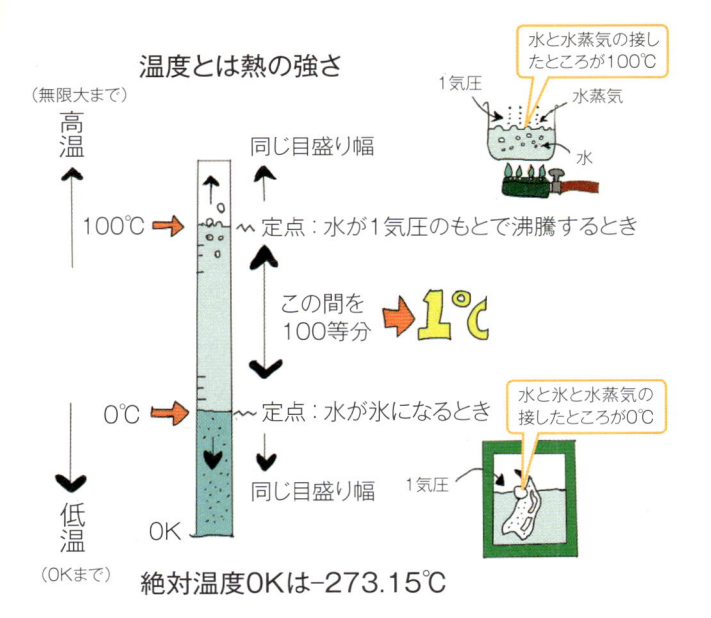

図　温度は熱の強さを表す尺度です。水の沸点と融点の間を100等分して1℃が決められました。絶対温度0〔K〕は温度の下限です。上限はありません。物質の性質と温度の関係を数字で表現することは、あの地動説で有名なガリレオ・ガリレイのアイデアです

MEMO

　温度の表示には、かつて華氏（ファーレンハイト）温度〔℉〕も使われました。古い寒暖計などにはセ氏と華氏の両方の目盛りが刻まれているものがあります。ただし、こちらは水の融点を32〔℉〕、沸点を212〔℉〕とし、その間を180に分割するという特殊なものでした。

02 太陽の熱は地球にどのようにして伝わるの？

　太陽の熱は**電磁波**（電波ともいう）というかたちで地球に伝わります。電磁波は、真空中ならばエネルギーの損失なしで光の速度（秒速約30万km）で伝わります。

　では、熱がどうして電磁波になるのでしょう？　すべての物質は分子や原子、および電気を帯びた粒子（イオンや電子などの荷電粒子）で構成されています。これらが熱エネルギーを受け取ると、すべての方向に不規則にいろいろな速度で動きます。荷電粒子が動いた瞬間、そこに電界が生まれます。この電界によって磁界がつくられ、その磁界によって電界がつくられます。こうして電磁波は光速で四方八方に飛びだしていくのです。

　熱エネルギーがあるかぎり、物質は電磁波をだし続けます。物質は熱の強さに応じていろいろな波長の電磁波をだすからです。これを、熱による電磁放射という意味で**熱放射**と呼び、全方向への放射という意味で**輻射伝熱**ともいいます。

　太陽の中心は約1500万K（ケルビン）もあり、表面の大気層は約6000～8000Kという、超高温の熱のかたまりです。そのため太陽は、紫外線、可視光線、赤外線と呼ばれる電磁波をあらゆる方向に光速で放射しています。その一部が地球に届いているのです。電磁波が物質に当たると、一部は反射したり透過し、残りは吸収されて熱に変わります。このしくみによって、地球は太陽からエネルギーを受けて大気や地表が温められています。

第1章 熱の基本と素朴な疑問

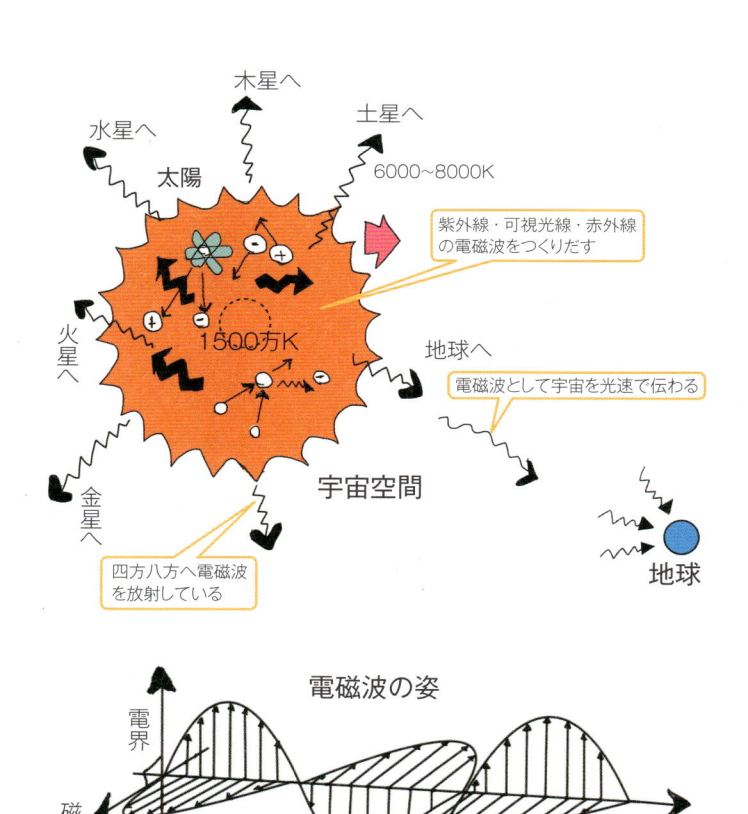

図中ラベル:
- 水星へ / 木星へ / 土星へ
- 太陽
- 6000〜8000K
- 紫外線・可視光線・赤外線の電磁波をつくりだす
- 1500万K
- 火星へ
- 地球へ
- 電磁波として宇宙を光速で伝わる
- 金星へ
- 宇宙空間
- 四方八方へ電磁波を放射している
- 地球

電磁波の姿

電界 / 磁界 / 光速で進む

電界と磁界は直角に交わっている

図 高温の太陽の熱が電磁波になって、真空の宇宙空間を光速で伝わり、地球に届きます。ただし、太陽から地球までは1億5000万kmも離れているので、地球に届くまでに光速でも約8分かかります。私たちは、常に8分前の太陽の熱を感じていることになります

03 北極や南極はなぜ寒いの？

　地球の気候は太陽エネルギーで決まります。北極や南極が寒いのは、極地は受け取る太陽エネルギーが少ないからです。

　なぜ受け取る量が少ないのでしょう？　太陽エネルギーははるか1億5000万km先からやってくるので、地球に届くときにはほぼ平行に直進してきます。この直進してくるエネルギーを受けとめる面が太陽光と垂直ならば、100％受け取ることができます。赤道直下の付近がそうです。

　ところが赤道から極地へ向けて緯度が高くなると、エネルギーを受ける面が傾くために受け取れるエネルギーがだんだん減ってしまいます。地面が太陽光と平行に近くなったら多くが素通りしてしまい、わずかなエネルギーしか受けとめることができません。地球はほぼ球形で自転しているので、北極や南極ではこれが顕著になり、極点では理論上はゼロになります。ただし、地球の自転軸は23.4°傾き、極点から少しずれているので、わずかですが太陽エネルギーを受け取っています。

　地球は、地表から50km上空の大気圏外なら、1m²あたり1.37kWの太陽エネルギーを受け取ります。ところが大気圏に入るときに一部は反射するので、地表で直接受け取れる太陽エネルギーはおおよそ1kW/m²になります。これから、緯度80°（極地）まで傾けた場合の受け取るエネルギー量を計算してみると、$\frac{1}{6}$にまで減ってしまいます。

　極地では、太陽光が通る大気の厚さも増えるために、そこで吸収される量が増え、地表で受け取れる太陽エネルギーはいっそう少なくなるのです。

第1章 熱の基本と素朴な疑問

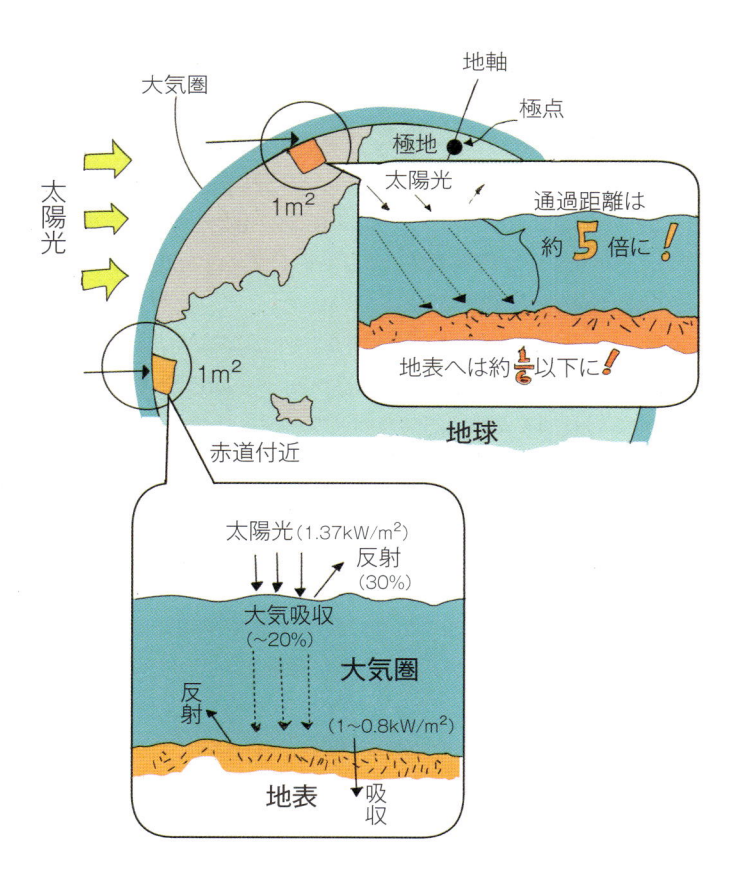

図中ラベル:
- 地軸
- 極点
- 大気圏
- 極地
- 太陽光
- 1m²
- 通過距離は約 **5**倍に！
- 地表へは約 $\frac{1}{6}$ 以下に！
- 地球
- 赤道付近
- 1m²
- 太陽光（1.37kW/m²）
- 反射（30％）
- 大気吸収（〜20％）
- 大気圏
- 反射
- （1〜0.8kW/m²）
- 地表
- 吸収

図　地球には1m²あたり1.37kWの太陽エネルギーが降り注ぎます。大気圏に入るときに約30％が宇宙に反射され、さらに大気に吸収され、地表に届くのは1〜0.8kW/m²程度になります。極地では、斜めから太陽光を受けることになるので、大気通過距離は約5倍になり、地表の1m²あたりで受け取るエネルギーは約6分の1以下に減ってしまいます。そのため、地表はあまり温まらず、海は凍り、寒くなります

04 地球の熱はなにから生まれるの？

　地球は半径約6370kmのほぼ球体で、赤道1周が約4万kmです。地表から5〜60kmまでは**地殻**と呼ばれます。地殻内では、放射性元素であるウラン、トリウム、カリウム（放射性同位元素）の原子核が不安定で自然に壊れ、別の物質に変わっていきますが、このときに発生する**核崩壊熱**によって約11兆（11×10^{12}）W（ワット）の熱がつくられています。

　地殻の下の2830〜2885kmの深さまで、**上部マントル**、**遷移層**、**下部マントル**があり、鉄とマグネシウム、ケイ素の酸化物を主成分とする岩石層を形成しています。ここでも地殻と同様な**核崩壊**が進行しており、およそ10兆Wの熱がつくられているといわれます。マントルは固体の岩石ですが、数万年単位で見ると位置を変えており、流体的な挙動をしています。下部マントルの下には、厚さ2210kmの**外核**が続きます。外核では、重い金属である鉄、ニッケル、銅が地球の中心に位置する半径1270kmの**内核**に向かって沈降しますが、このときの**摩擦熱**が約23.2兆W発生していると考えられています。内核の圧力は約364万気圧と推定されており、固体の鉄合金で構成されています。

　以上の熱を合計すると、約44.2兆W（35兆Wという説もある）もの熱が地球の内部でつくられていることになります。これが定常状態ですから、地球からこれだけの熱が宇宙に放射されているのです。

　地球が生まれてから約45.5億年が経過していますが、誕生時は半減期7.07億年のウラン235が全ウランの20%を占め、その核崩壊熱で地球の熱が保たれました。現在は、放射性同位元素の**核**

第1章 熱の基本と素朴な疑問

崩壊熱の25%を占めるウラン238の半減期が実に44.7億年で、トリウム232に至っては140億年と宇宙スケールほどにもなるので、地球が冷めてしまうことはないといっていいでしょう。

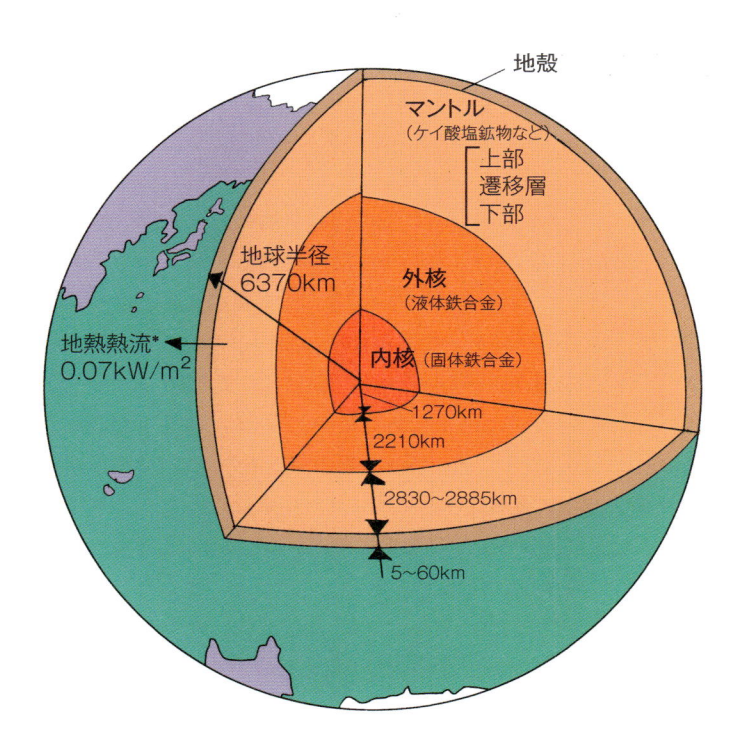

図中ラベル：
- 地殻
- マントル（ケイ酸塩鉱物など）上部／遷移層／下部
- 地球半径 6370km
- 外核（液体鉄合金）
- 内核（固体鉄合金）
- 地熱熱流* 0.07kW/m^2
- 1270km
- 2210km
- 2830〜2885km
- 5〜60km

図　約45.5億年前に鉄とニッケル合金およびケイ酸と金属酸化物との化合物からなる隕石群（微惑星）の集合体として生まれた地球ですが、"マグマの海"といわれた初期に1億年かけてゆっくり冷え、重金属化合物がどんどん沈んで中心に集まり、それぞれの層に分かれました

＊熱流：高温から低温への熱の流れ

05 温泉になるのは雨水？それとも海水？

　地球の地殻と地熱の働きによって生まれる温泉は、多くの効用をもつ高温の**無酸素水**です。温泉水になるのは、火山に近い場所では多くが雨水で、火山のない場所では海水です。ただし温泉水に認定されるには、25℃以上の温度の地中から湧きでる水、または、指定された6つの成分のいずれかが一定量以上溶け込んでいることが必要です（日本の場合）。

　日本でたくさん見られる火山に近い場所の温泉水は、地面に降った雨水が地下で長い旅を続け、ふたたび地表に湧きだしてきたものです。雨は、細かい石の間や岩の裂け目、地殻の変動による断層や亀裂に沿って地中に浸み込み、その深さは1000mから数kmにも達し、スポンジ状の岩盤層にたまります。

　深さ数十kmから数kmにある800〜1200℃のマグマだまりからの熱はこの岩盤を温め、雨水を数万気圧もの圧力で250℃程度の無酸素熱水に変えます。温められた熱水は軽くなり、浮力によって地表に向かって上昇します。こうした温泉はもともとが雨水なので、枯れることはありません。

　火山などが付近にない場所では、はるか昔に地中深くに閉じ込められた**化石海水**が、地中の熱で温められて温泉に変わります。地球の体温といえる**地温**は、地表から100m下がるごとに、地球の中心部からの熱で約3℃（東京では2.3℃）上昇します。また、**海洋プレート**が移動するような大規模な地殻の変動があると、地下海水が脱酸素化されて高温の温泉水になる場合もあります。兵庫県の有馬温泉は、このケースです。

第1章 熱の基本と素朴な疑問

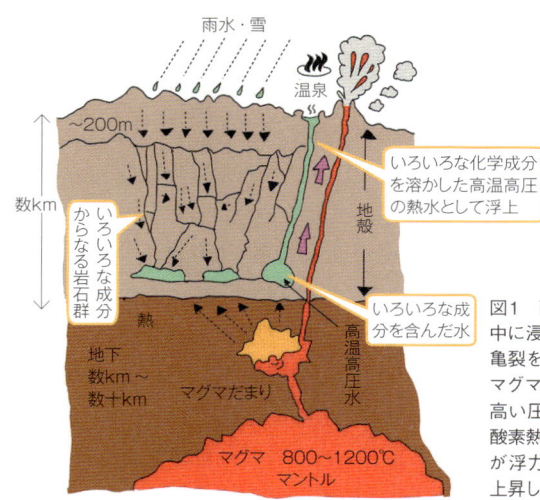

図1 雨水は地面から地中に浸透し、地殻岩石の亀裂を通り、火山をつくるマグマから熱をもらって、高い圧力により高温の無酸素熱水になります。これが浮力で地表に向かって上昇し、温泉になるのです

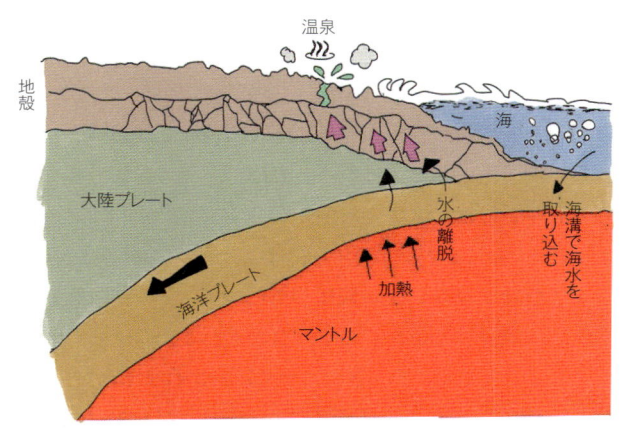

図2 火山がないところでは、海洋プレートの移動で地中に取り込まれた海水が化石海水になり、化学反応や周囲の熱で高圧高温の無酸素熱水になります。この高圧水が浮力によって近くの亀裂や断層を上昇し、温泉として湧きだします

06 大気の熱と雷の関係

　大気の熱は、10億Ｖ（ボルト）の雷をつくります！　大気の動きは、**高気圧**と**低気圧**という気圧の差で生まれます。暖かい空気は冷たい空気より軽いので、温度の違う空気がぶつかると、暖かい空気はかならず上に動き、上昇気流になります。雷のできる積乱雲では、これが毎秒10mもの速度になっています。空気は膨張して温度が下がり、−20℃から−40℃程度になります。

　こうして、上昇気流の中では直径0.01mmほどの細かい氷の粒、すなわち雲が発生します。これが100万個ほど集まると、直径1mmの氷の粒になります。成長した氷の粒は重力によって落ち始め、途中から雨や雪になります。

　空気は電気を通さない絶縁物です。また、混じりけのない水も、電気を通さない絶縁物です。絶縁物では電気は動けないので、細かい氷の粒の表面に、プラスあるいはマイナスの電気をためやすい性質があります。1cmの厚さの空気の間に3万Ｖ以上の電圧がかかると絶縁が壊れ、電気が流れます。これが雲の中や雲と地表の間で起こると雷になります。

　このような高い電圧は、雲の中の上昇気流と、氷の粒の運動によってつくられます。雲の中では小さな氷の結晶は上昇し、一方、大きな粒に成長した氷塊は落下します。この2つの流れがすれ違うと、絶縁物を互いにこすり合わせたように摩擦力が働き、それによって電気がプラスとマイナスに分かれます。これが静電気（**摩擦電気**）です。上昇する小さな氷の表面はプラス側、落下する大きな氷塊の表面はマイナス側の電気をもっています。こうして、プラスとマイナスの電気が別々に集まった状態が積乱雲中

につくりだされます。電圧は10億Vに達するといわれます。マイナス側に帯電した雲が地表に近づくと、地表にはプラスの電気が集まってきます。すると、先端がとがった金属や木などの高いところに、落雷しやすくなります。

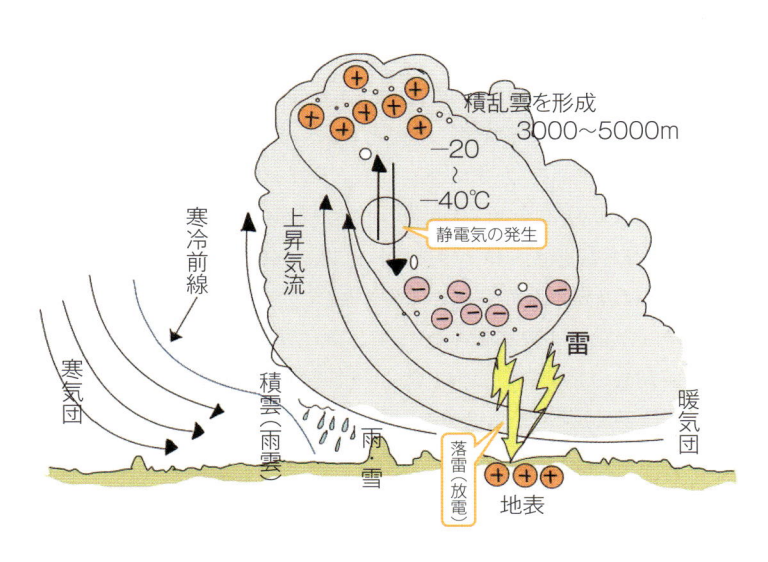

図の中のラベル：
- 積乱雲を形成 3000〜5000m
- −20〜−40℃
- 静電気の発生
- 寒冷前線
- 上昇気流
- 寒気団
- 積雲（雨雲）
- 雨雪
- 暖気団
- 雷
- 落雷（放電）
- 地表

図　太陽や海洋で温められた空気のかたまりの暖気団は上昇気流になり、小さい氷の粒をつくりながら高度3000〜5000mに達します。氷の粒は成長して大きくなると落下し始め、上昇気流とすれ違うときに静電気が発生します。積乱雲の中で上部はプラス、下部はマイナスに分かれます。これが雷のもとです。雷は雲の中や隣の雲と電気の合体を起こし、雷光を発して雷鳴をとどろかせます。地表にプラスが誘導されると、そのプラスに向かってマイナスの電気のかたまりが落ちていきます。これが落雷です。日本で落雷のいちばん多い場所は、石川県金沢市といわれています

07 富士山山頂でごはんは炊けるの？

　富士山の山頂では、地上に比べて気温が24℃以上も低くなり、気圧は地上の63％くらいになるので、普通の方法ではごはんがうまく炊けません。

　富士山が標高3776mの日本最高峰であることはよく知られています。大気の気温は、地上11km上空までは100mごとに0.65℃下がるので、富士山頂では地上と24.5℃程度の差があります。これは、地上が夏の30℃のときでも約5℃なので、かなりの寒さになります。

　地球上での気圧は、すべてのモノにかかる1cm²あたりの空気の重さです。地表ではその重さが1.03kgにもなります。標高が高くなれば、高さ分の空気の重さが軽減されるので、1cm²にかかる空気の重さは減ります。つまり、気圧が変わるのです。そのため3776mの富士山頂の気圧は、0.63気圧(638hPa)程度になります。地表に比べるとかなり低いので、頭痛やめまいなどの高山病にならないよう注意が必要です。

　水が沸騰する温度(沸点)が100℃というのはよく知られていますが、これは1気圧のもとでという圧力の条件があることを忘れてはいけません。水の沸騰する温度は圧力によって変わります。沸点が圧力で変わるのはすべての物質に共通しますが、大きさや変化の様子は物質によって違います。

　富士山の山頂での圧力は0.63気圧なので、水の沸点は88.6℃まで下がります。お米のデンプン質を、十分にねばねばしたのり状のおいしいごはんにするには、98℃以上をある時間継続することが必要といわれています。ですから88.6℃で沸騰してしまうと、

第1章 熱の基本と素朴な疑問

それ以上にお米の温度を上げることができないので、おいしいごはんを炊くことができません。富士山頂でおいしいごはんを炊くには、1気圧以上にできる圧力釜が必要です。

世界最高峰のヒマラヤ山脈のエベレストは標高8848mですから、気温は地表より約57℃も低く、気圧は0.31気圧にもなります。その環境の過酷さが想像できるでしょう。

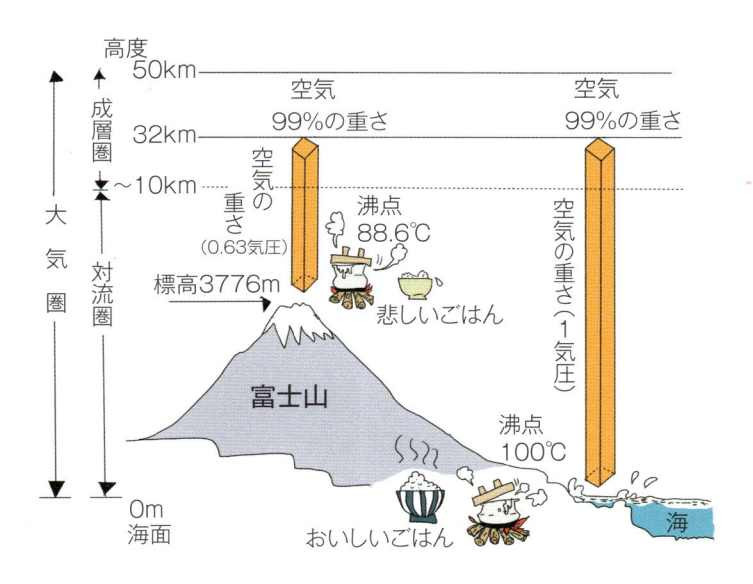

図 標高0mから成層圏の先端までの空気の重さが1気圧です。標高32kmでは99%の重さになるので、その高さを基準にしています。富士山は0.63気圧になります。お米を炊くには98℃以上の状態が必要ですが、富士山の山頂では88.6℃で水が沸騰してしまうので、普通に炊いただけではお米をおいしいごはんにすることができません

08 温室効果のひみつ

温室効果とは、地球の表面から放出される熱を大気中の炭酸ガス（二酸化炭素：CO_2）や水蒸気などのガスが吸収して、熱を閉じ込めることです。温室効果という高性能なシャツを着た星が、地球といえるでしょう。

太陽からは、紫外線、可視光線、赤外線などと呼ばれるいろいろな波長をもった電磁波が地球にやってきています。地球の地表に近いところの大気は、体積比で表すと窒素78.08%、酸素20.94%、アルゴン0.93%、炭酸ガス0.038%と、そのほかの微量ガスおよび水蒸気で構成されています。太陽からきたエネルギーのうち、有害な紫外線などの強いエネルギーは、大気の外側（成層圏と呼ばれ、約10～50kmの層をいう）で酸素を分解してオゾンをつくり、そのオゾンがさらに紫外線を吸収して熱に変えています。このオゾンバリヤー（オゾン層）で包まれているので、地球は生物にとって安全な星になっているのです。

太陽エネルギーからの可視光線や赤外線はいくらか大気で吸収されますが、ほとんどは地表に達します。そして、地球で使われたすべてのエネルギーは最終的に熱になりますが、空気中の炭酸ガスや水蒸気などに一部が吸収され、あとは宇宙へと放出されます。このエネルギーバランスで、私たちの住んでいる環境が形成されているのです。

地球に大気や海がなければ、平均温度は-19～-20℃になっているはずと推定されていますが、放出された熱の一部を大気の中で吸収する温室効果によって、平均温度は14～15℃になっています。微妙なバランスによって、私たちの環境は維持されている

のです。ところが、人口増加などにより人類の使うエネルギー量が増えて、燃料を燃やすことによりでる炭酸ガスの量が、ここ100年間の間に急激に増えたために温室効果が大きくなり、地球の大気の熱バランスが崩れていくことが心配されています。これが地球温暖化問題です。この問題を解決するには、エネルギーのむだ遣いをやめることが大事です。

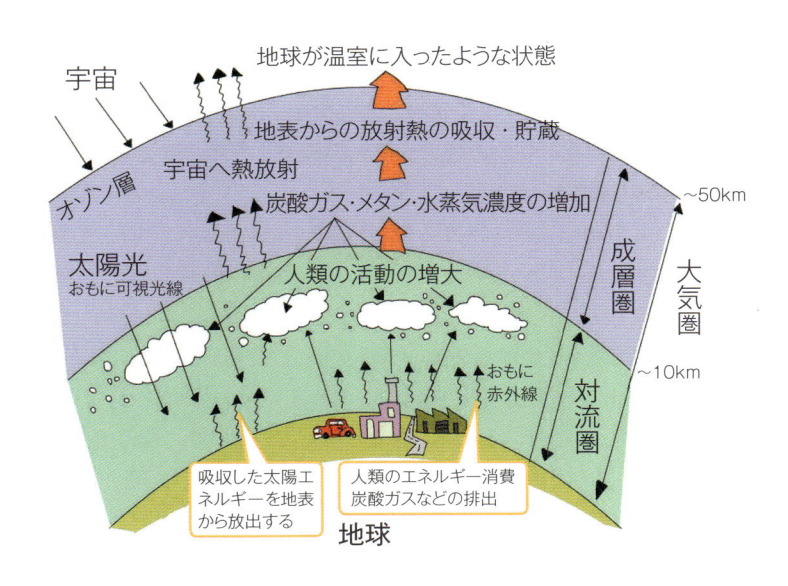

図 地球上の熱は、太陽光からの熱のほかに、産業活動で石油、石炭や天然ガスなどを燃やした熱があります。燃料は炭素と水素の化合物ですから、それを燃やせば炭酸ガスが発生します。これら温室効果をもたらすガス濃度の上昇が地球の熱バランスに影響を与え、気候の変動を引き起こす原因になっていると考えられています

09 ヒートアイランド現象ってなに？

　人が多く住む町や、工場や高い建物が多い場所の気温が、1年中その周辺よりも高く、まるで発熱したヒーターのような状態になることを**ヒートアイランド（熱の島）現象**といいます。周辺地域との温度の違いは、2℃から3℃です。この温度差は都市周辺の気象に影響し、夏には熱中症が増え、夜の不快指数が上がります。冷房による電力消費も増加します。冬は暖冬になって暖房費は減りますが、気候が不順になります。

　ヒートアイランド現象が起こる原因は、次の3つが考えられています。**地面の利用の仕方、建物の表面**、それに**産業や暮らしの中からの廃熱**です。

　アスファルトやコンクリートの道路は、熱を吸収して蓄えます。電磁波は海の波のように凹凸のある形が繰り返されて進んでいきます。波の山から次の波の山（または波の谷から次の谷）のピークの間の水平距離を**波長**といいます。波長が1秒間に何回進むかを表したのが**周波数**です。

　建物もコンクリートでつくられ密集しているので、風の力を弱めます。そのため、地表近くに熱い空気がたまりやすくなります。また、道路と同様に熱を吸収し蓄える効果ももちます。

　町を走る自動車の排気熱、工場からの廃熱、冷房などビルや家庭からの廃熱なども、影響の割合としては比較的小さいのですが、無視できません。

　まわりと3℃も違うと、湿度50％の空気では1m²で厚さ1mあたり約13gの浮力がつくりだされ、都市から熱い空気の上昇気流が発生します。そのため上空では空気の乱れが起こり、気象を

不安定にさせる引き金となります。

　ヒートアイランド現象を減らすために、町の緑化、建物の表面の工夫、廃熱を減らす新しい技術などが求められています。

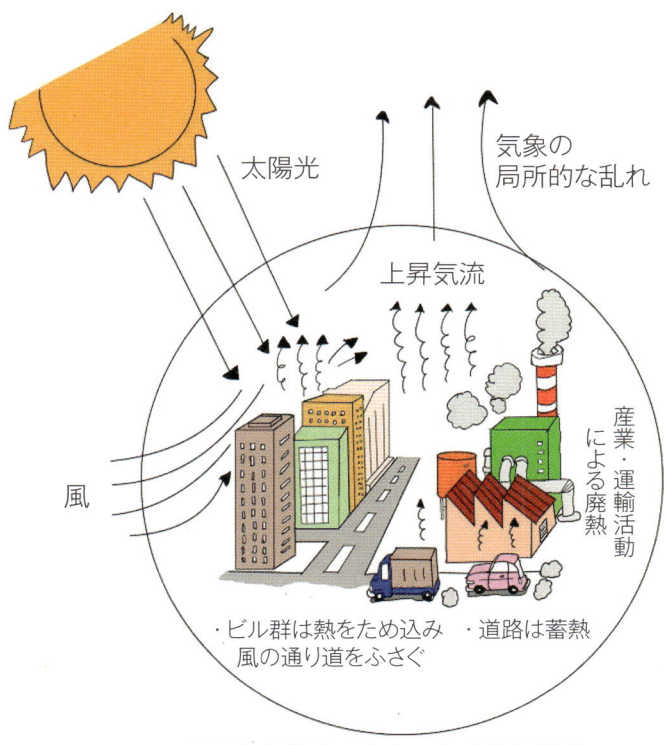

人工的な熱の大きなかたまりの出現

図　太陽光は道路や建物に吸収されると熱として蓄えられ、夜でも高い温度を保ちます。多くの高いビルは風をさえぎり、空気の流れを乱します。工場、自動車やエアコンは熱をはきだします。温められた空気は軽くなって上昇し、局所的に気象を乱す原因にもなります。こうして都市部は熱の島（ヒートアイランド）状態になるのです

10 海風はどうして起こるの？

　海から吹く涼しい海風は、海と陸との熱の蓄え方(**熱容量**という)の違いで起こります。

　日本は海に囲まれ、海の恩恵をたくさん受けています。海風もその1つといえるでしょう。海に近い地方では、真夏の蒸し暑いときでも海から涼しい風が吹き、気候をおだやかにしてくれます。

　太陽のエネルギーは陸にも海にも同じだけ降り注いでいますが、陸は土や森やコンクリートでできており、海は水という違いがあります。物質は種類によって熱を蓄えられる量が違います。それを熱容量の大きさの違いといいます。熱容量は、その物質1kgを1℃上げるために必要なエネルギーの大きさ(**比熱**という)と重さで決まります。土やコンクリートからなる陸と海の海水とは、熱容量に約1:3の違いがあります。つまり、陸は海より熱容量が小さいので、熱しやすく冷めやすいということです。

　真夏の道路は50℃以上にもなり、その上の空気の温度も40℃以上の高温になります。熱せられた空気は軽くなって上昇し、上空で冷やされて低気圧をつくります。そのため、陸に向かって冷たい風が海から吹き込み、まわりを涼しくするというわけです。これが海風です。しばらく吹くと気圧の差がなくなって、風がぱたりと止まります。これは、なぎ(凪)と呼ばれています。夜は、陸のほうが早く冷えてきますから、海上の空気が上昇し、海のほうが低気圧になります。そのため、陸から海に向かって風が吹きます。これを陸風と呼びます。どちらかというと海風のほうが陸風より強く吹き、涼しく感じます。

　山と谷との間でも、山風と谷風があります。昼間は山のほう

が谷よりも太陽がよく当たって空気が軽くなり、谷から山に向かって谷風が吹きます。逆に、夜は山のほうが冷えやすいので、山から谷間に向かって山風が吹きます。大陸と海にはさまれた日本で夏と冬の季節風が起こるのは、海風・陸風が起こるしくみと同じです。

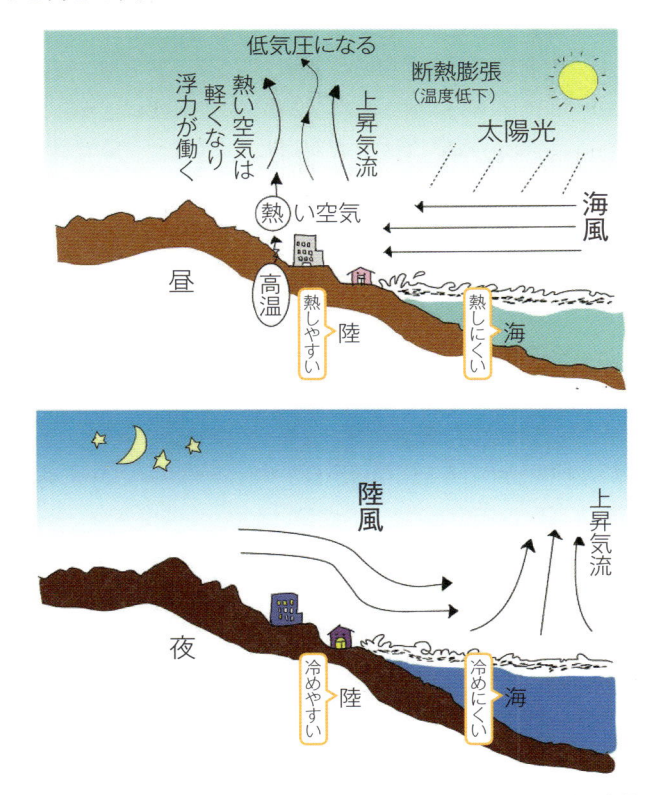

図 水は熱容量が大きいため、熱しにくく冷めにくいのです。逆に陸は土が主体で、熱しやすく冷めやすいという性質があります。これが海風や陸風を生みます。家の南側に池を配置するのは、ながめを楽しむのと同時に、海風のしくみで涼しい風を起こして快適に過ごす知恵を昔の人がもっていたためだと思います

11 深海の海水温度は何℃くらい？

　深海の海水温度は、いつも1～2℃くらいに保たれています。ただし日本海は、深さ300mで0.8℃くらいの冷たさになっていて、**日本海固有水**といわれています。

　海水の温度は、季節や場所によっても変わりますが、海面近くは20～28℃くらいです。深くなるにつれて温度は下がり、深さ100mくらいから急に下がり方が激しくなります。温度が急に変わるという意味で、**温度躍層**と呼ばれます。

　この層よりも深くなると、温度はゆるやかに下がっていき、1000mを超えると4～7℃近くになり、**深層水**と呼ばれます。太平洋側では黒潮の影響で温度の下がり方はゆるやかです。水深4000m以下の海水は**底層水**と呼ばれます。

　海水は地球上ですべてつながっているので、地球規模で立体的に大循環しています。海水は冷たくなると重くなり、沈んでいきます。地球規模でいうと、深層水は2カ所でつくられています。1つが北大西洋のグリーンランド沖で、もう1つは南極海（ウェッデル海）です。南極でつくられた深層水と北大西洋でつくられた深層水が大西洋の南アフリカ沖で合流すると、海底の地形に沿ってハワイ沖を通り、北太平洋まで北上してきます。その速さは毎秒1cm以下です。この間に地熱やまわりの海水との混合により温められ、軽くなると表層にだんだん上がってきます。そして、太陽熱で温められながら南に下がり、赤道付近ではいっそう加熱されて暖流になります。このように、海水は約1000年から2000年くらいで立体的に循環しているのです。

　海洋生物の死骸などの有機物は微生物によって分解されて深

海に沈んでくるため、深層水は海面近くと比べると数十倍の濃度の栄養塩を含んでいます。陸上での植物の栄養塩は、窒素、リン、カリウムですが、海ではカリウムの代わりに貝殻の主成分であるケイ素が多くなり、栄養素としては窒素、リン、ケイ素、ミネラルなどになります。深層水は有機物などが少ないため、きれいな海水です。

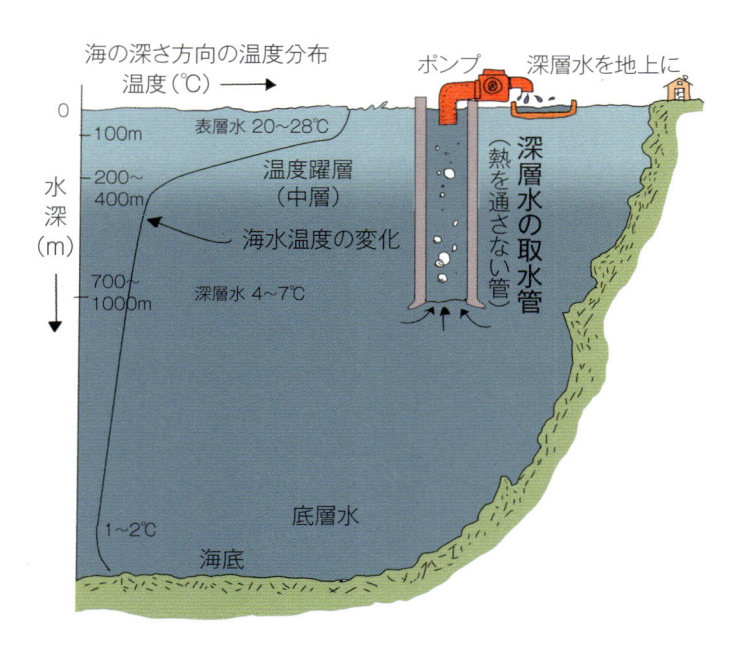

図中ラベル:
- 海の深さ方向の温度分布 温度（℃）
- 水深（m）
- 表層水 20〜28℃
- 温度躍層（中層）
- 海水温度の変化
- 深層水 4〜7℃
- 1〜2℃
- 底層水
- 海底
- ポンプ
- 深層水を地上に
- 深層水の取水管（熱を通さない管）

図　海水の温度は、深さ100mくらいまではほぼ一定で、それより深くなると急に温度が下がり、そのあとは海底までなだらかに下がって、1℃から2℃くらいになります。深層水を手に入れるには、水深400mから700mくらいのところに、両端が開いた管を下ろします。管の海水をポンプでくみだすと、最初はまわりの海水と同じですが、やがて深層水に入れ替わります。断熱性をもつ管を使えば、水温は深層水と同じになります。これらは水産養殖のほか、冷房、発電などにも利用できます

12 化石燃料ってなに？

化石燃料は、人類が生まれる以前から、地球が太陽の力を借りてつくりだした、**炭素と水素の化合物**として存在するエネルギー資源のことを指します。これらは火をつけると燃え続けるので、燃料として活用できます。化石燃料には、石炭、石油、天然ガスがあります。これらを**在来型化石燃料**といい、最近、化石燃料として使われ始めたシェールオイルやシェールガスと区別しています。

エネルギー資源とは、自然界に存在して利用できるエネルギーのことで、**一次エネルギー**と呼んでいます。電気や水素などは人工的に加工してつくるので、**二次エネルギー**といいます。

石炭は、約3億年前に多量のシダ植物などの樹木が枯れ、湖沼などに集まったものが水底に長期間堆積し、地殻変動によって高温高圧下に置かれた結果、炭化生成されたといわれています。その炭化の成熟度により、分解が不十分な泥炭、炭化度の低い褐炭（亜炭）、炭素含有量が83〜90％の瀝青炭、90％以上でほぼ完全な炭素のため燃焼時に煙やにおいが少ない無煙炭、に分類されています。無煙炭は1kgあたり約2万7300kJのエネルギーがあります。

石油は、約1.9億年前の海や湖沼内にプランクトンや藻類の死骸が堆積し、石炭と同様の過程でそれらの有機物からいろいろな**高分子化合物**（炭素、水素、窒素などを含む化合物で、1つの化合物が鎖のように、または網目のように結合し合っている）が高温高圧の条件下で生成されたという説が有力です。その有機物が炭素と水素の結合した比較的単純なメタン（CH_4）であった場合、

天然ガスとなりました。

　石油は常圧で蒸留されて沸点の低い順に分けられ、化学製品やガソリン、発電用など用途別に振り分けられます。石油は1リットルあたり約3万8000kJ（原油の比重は0.85）、天然ガスは1m³あたり約4万1000kJ（メタン1m³は0.717kg）のエネルギーをもっています。

石炭の誕生

地殻変動
高温　高圧
水分・揮発成分
発散　高温高圧　脱酸素
瀝青炭・無煙炭
巨大シダ植物群　泥炭化　炭素含有量83%〜

石油・天然ガスの誕生

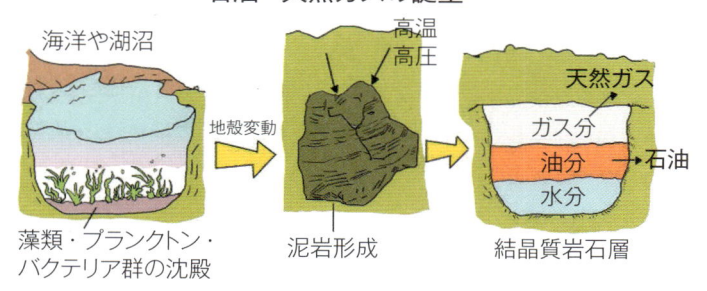

海洋や湖沼
高温高圧
天然ガス
ガス分
油分　→石油
水分
地殻変動
藻類・プランクトン・バクテリア群の沈殿　泥岩形成　結晶質岩石層

図　多量の樹木の集まりが高温高圧のもとで分解され、最初は泥炭化し、一部はそのまま地表に残り、ほかは地殻変動によって高温高圧の環境に閉じ込められた結果、炭素のかたまりになったのが石炭です。一方、藻類やプランクトンなどが海底などに堆積し、地殻変動による高温高圧によって泥岩状態になり、そこから密度の軽い油分が集まったものが石油となり、気体の可燃成分が集まったものが天然ガスになりました

13 核エネルギーってどんなもの？

　ウラン(U)などの重い原子に中性子をぶつけ、その原子核を分裂させると発生するエネルギーを、**核分裂反応**による核エネルギーといいます。一方、水素(H)のような軽い原子同士をぶつけて融合させ、ヘリウムなどの原子に変えてやると、そのときにもエネルギーが発生し、これを**核融合反応**による核エネルギーといいます。また、不安定な重い原子は自然に壊れて安定した原子になろうとします。そのときに**核崩壊熱**と呼ぶエネルギーを放出します。

　核エネルギーは、そこからでてくる放射線(アルファ粒子：電荷を帯びたヘリウム、ベータ粒子：陽電子または電子、ガンマ線：X線の波長域の電磁波)を別の物質に吸収させると、ただちに熱に変換できます。

　核分裂反応の例では、たとえばウラン235(質量数235、原子番号92)に中性子が衝突すると、ストロンチウム(Sr)とキセノン(Xe)と2個の中性子に分裂します。1個の中性子から2個の中性子が生まれるので、中性子が1、2、4、8、……と増加し、核分裂が連鎖反応で急激に広がります。この反応では、1gのウラン235から8.1×10^{10}J(石炭約3トン分に相当)の膨大なエネルギーが得られます。

　核融合反応では、4個の水素原子核(陽子)からヘリウム原子核1個がつくられ、そのとき陽電子が飛びだします。陽電子は瞬時に電子と合体して消える**対消滅**によって、熱エネルギーを発生させます。水素原子1gから0.678×10^{12}Jが熱エネルギーとして発生します。

核反応で生まれる放射性同位元素は不安定なので、次々と壊れながら別の元素に変わっていきます。このときの核崩壊熱はそれほど大きくありませんが、長期にわたります。たとえばプルトニウム238は、1kgあたり約567Wの熱を放出し続けます。それ自体の数が半分になってしまう期間を**半減期**といいますが、プルトニウム238の半減期は87.7年です。半減期の長さは核種によって違います。

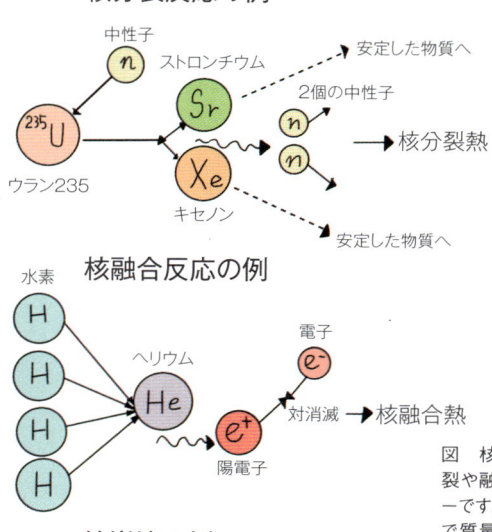

核分裂反応の例

- 中性子 n
- ウラン235 ^{235}U
- ストロンチウム Sr
- キセノン Xe
- 2個の中性子 n, n → 核分裂熱
- 安定した物質へ

核融合反応の例

- 水素 H, H, H, H
- ヘリウム He
- 陽電子 e^+
- 電子 e^-
- 対消滅 → 核融合熱

核崩壊の例

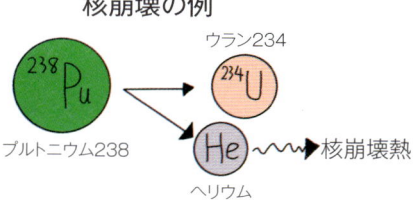

- プルトニウム238 ^{238}Pu
- ウラン234 ^{234}U
- ヘリウム He → 核崩壊熱

図　核エネルギーは原子の分裂や融合により生じるエネルギーです。その際、反応の前後で質量の変化が生じます。これを質量欠損といいます。このわずかに少なくなった質量分がエネルギーに変わります。質量がエネルギーに変化することをアルベルト・アインシュタインが発見し、質量とエネルギーが等しいことを証明しました

14 再生可能「熱」エネルギーって使えるの？

　再生可能エネルギーは自然エネルギーともいわれ、資源として地球があるかぎり尽きることのないエネルギーという意味で使われています。人が手を加えなくても、自然がそのエネルギーをつくりだしてくれるという意味です。具体的にいうと、**太陽エネルギー、地熱エネルギー、風力エネルギー、海洋エネルギー**が挙げられます。

　海洋エネルギーは、いろいろな形のエネルギーからなっています。波のエネルギー、潮の干満による潮汐エネルギー、海流や潮流エネルギー、海洋の表層と深層との間の温度差を利用する温度差エネルギー、河川水と海水との間の塩分の差を利用する濃度差エネルギーがあります。光合成などによる生物エネルギーを含めることもあります。

　この中で熱エネルギーをもつものは、太陽エネルギー、地熱エネルギー、海洋温度差エネルギーです。太陽エネルギーは光エネルギーという面から利用する太陽電池が広く使われるようになっていますが、熱として利用する可能性も十分あります。太陽は表面温度が約6000Kで、わが国には地表1m²あたり最大1kWのエネルギーが降り注いでいます。エネルギーの密度は薄いのですが、太陽電池の受光面積を大きくすればそれに比例してどのような規模でも対応できます。地熱エネルギーは、マグマだまりの800〜1200℃の熱を直接活用できるところまで技術が進んでいないので、利用地帯が限定され、最高230〜200℃の水蒸気を活用しています。温泉も温度の低い地熱エネルギーです。海洋温度差エネルギーでの温度差はたかだか20℃くらいしかありませんが、海水の量

は桁違いに多いので、全体では膨大なエネルギーとなります。これらを総称して、再生可能「熱」エネルギーということができます。

再生可能エネルギーは自然環境とともにあるため、面積あたりや体積あたりのエネルギーが小さい、大きさが変化しやすい、場所がある程度限定される、太陽エネルギーは夜間にはゼロになってしまう、といった制約があります。

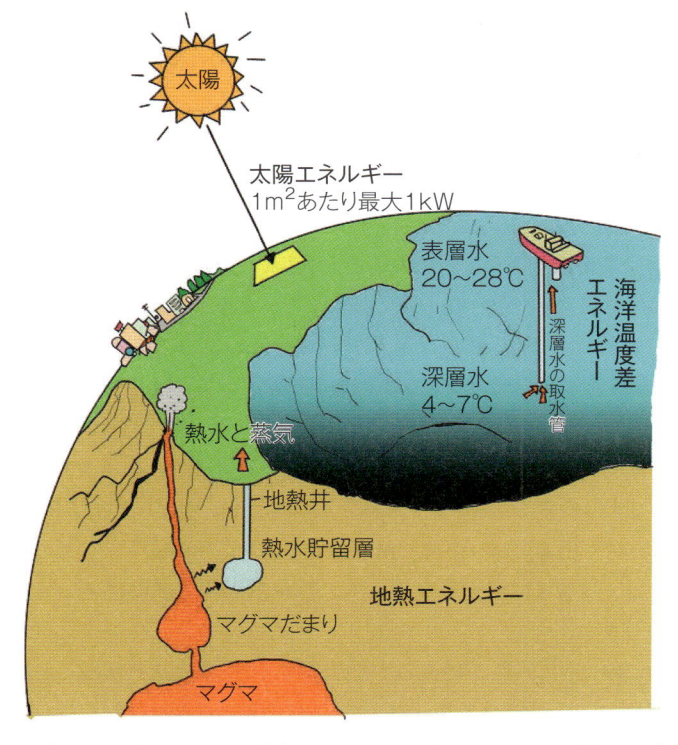

図　太陽エネルギーは1m²あたり最大1kWですが、日の出から日没までの地表での平均は、快晴でも160Wとなります。地熱エネルギーは、火山地帯にあるマグマの熱を熱水でためたエネルギーです。海洋温度差の熱は、深層水を断熱したパイプで表面までもってくる必要があります

15 ガラスに比べて鉄のほうが早く熱が伝わるのはなぜ？

　鉄や銅や銀などの金属と、ガラスや木材などの絶縁物とは、熱の伝わり方が大きく違います。金属は電気を通す**導体**です。その内部に自由に動ける身軽な電子をたくさんもっているので、熱のほとんどは電子によって運ばれます。一方、ガラスや木材は**絶縁物**なので、金属のように身軽に熱を運べる電子をもっていません。それらはケイ素の酸化物や炭素、水素、窒素などを含む有機物から構成されていて、分子同士が格子状や3次元の網目状にしっかり結合しています。熱はその格子をゆさぶりながら、振動で高温側から低温側へ運ばれていきます。特に木材などの植物は年輪に見られる層状の構造をもっているので、縦縞方向とその垂直方向とでは、熱の伝わりやすさが大きく変わります。

　金属の中でも、電気が通りやすいものほど熱も伝わりやすい性質があります。オリンピックのメダル順とは違いますが、ナンバーワンは銀、2位は銅、3位は金で、鉄はそれに続きます。

　絶縁物の中では、たたくと金属的な音がするもののほうが、熱が伝わりやすくなります。木材や瀬戸物、レンガ、布や紙よりも、ガラスや磁器のほうが速く熱が伝わります。熱が伝わりにくいものは、逆にその性質を利用して、熱を遮断する**断熱材**として利用します。

　このように、熱が物質の中を伝わっていくことを**熱伝導**といいます。自然環境や暮らしの中で、熱伝導は大きな役割をはたしています。熱伝導はそこの温度差、大きさ、厚さで伝わる速さが決まりますが、物質の性質にも大きく影響を受けます。それを表したのが**熱伝導率**です。単位面積あたりの熱の流れは、温度差

第1章 熱の基本と素朴な疑問

と熱伝導率に比例し、熱の伝わる距離に反比例します。銀、銅、金グループの熱伝導率を基準にすると、鉄は$\frac{1}{5}$、ガラスは$\frac{1}{300}$、木材では$\frac{1}{3000}$くらいに小さくなります。また固体、液体、気体は、この順番で熱伝導率が小さくなります。水と空気では、水のほうが23倍も熱が伝わりやすいのです。

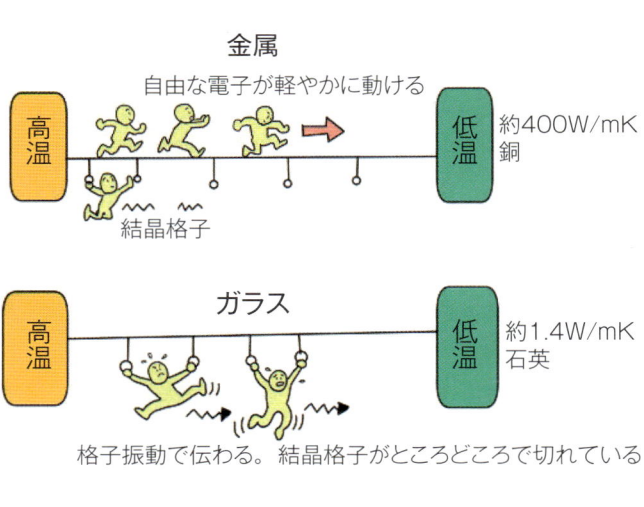

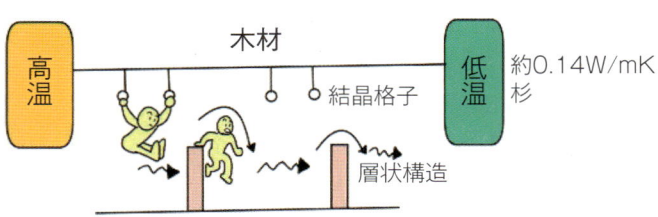

金属
自由な電子が軽やかに動ける

高温 → 低温　約400W/mK 銅

結晶格子

ガラス

高温　低温　約1.4W/mK 石英

格子振動で伝わる。結晶格子がところどころで切れている

木材

高温　結晶格子　低温　約0.14W/mK 杉

層状構造

格子振動で伝わるが、層状構造に妨害される

図　熱は高温から低温に向かって、物質の中をいろいろな方法で運ばれます。金属のような導体では自由電子で運ばれ、ガラスや木材などの絶縁体では結晶格子の振動で運ばれます。層状の構造をもつ物質では、方向によって熱の伝わりやすさが大きく変わります。また、固体＞液体＞気体というように、物質の状態でも変わります

COLUMN 1
熱のサイエンスの歩み

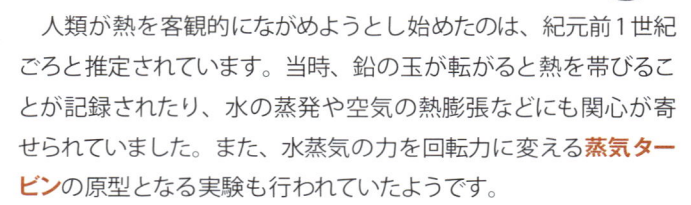

　人類が熱を客観的にながめようとし始めたのは、紀元前1世紀ごろと推定されています。当時、鉛の玉が転がると熱を帯びることが記録されたり、水の蒸発や空気の熱膨張などにも関心が寄せられていました。また、水蒸気の力を回転力に変える**蒸気タービン**の原型となる実験も行われていたようです。

　ギリシャ哲学からの流れで、宇宙や身のまわりの現象に関心が高まり始めたのは16世紀に入ってからです。熱に関していえば、地動説で有名なガリレオ・ガリレイが1597年に、密封容器の空気の温度を上げ下げすると空気が膨張・収縮するかを、水の高さの変化で判定できる装置をつくりました。

　それから60年後の1657年には、イタリア・フィレンツェの「実験アカデミー」で、ガリレオの装置に目盛りをつける改良提案があり、人間の体温やバターの溶ける温度などを基準にする案がだされましたが、決定には至りませんでした。しかし、その議論から「定点」の考え方が明確になりました。そして1665年に、水が沸騰している間は温度が一定であることが発見されました。

　最終的には1742年にセルシウスが提案した、水の沸騰温度を100とし、氷の溶ける温度を0と定めて、その間を100等分するという現在の標準に落ち着きました。温度計の考えが提案されてから、実に145年かかったことになります。この温度計を用いて熱の種々の性質が明らかにされ、理解が深められていきました。

　熱のサイエンスは、共通のものさしである温度計を手にしたことから始まるわけですが、それが決まるプロセスの中に、すでに熱の本質が見え隠れしていたともいえます。

第②章

暮らしの中の熱のふしぎ

熱の性質を利用して、安心で健康的・快適な暮らしをするためのいろいろな工夫を紹介します。

01 モノをこすると熱をもつのはなぜ？

　両手をこすり合わせると暖かくなりますね。これは人類が自分で熱をつくりだすきっかけになった、最初の動作ではないでしょうか。乾いた木をこすり合わせると熱くなるので、普通よりもちょっと好奇心の強い人がその動作を粘り強く続けた結果、木が燃えだし、自力で火を起こせるようになったのだと思います。これはまさに、人類が文明を築き上げる重要な手段を手に入れた瞬間だったと想像します。それは、ほんの数万年前の出来事でした。

　2つの物質をこすり合わせる行為によって、表面を構成している分子や原子が激しく揺さぶられ、その振動が内部に広がっていきます。つまり、こするという外部からの運動が、物質を構成している原子レベルの振動に変換されるのです。それが熱となって表れ温度が上昇します。動かすということは、**運動エネルギー**というエネルギーの1つのかたちが、**熱エネルギー**に変化したのです。運動と熱が同じエネルギーであることがはっきり証明されたのは、1840年代になってからでした。

　細い針金を繰り返し曲げていると、節のところが手ではさわれないくらいに熱くなります。これも折り曲げるという動作の繰り返しが針金の中の原子に伝わり、激しい振動となって熱に変わったということです。原理はモノをこすり合わせたときと同じです。これを**摩擦熱**と呼んでいます。

　摩擦熱は、熱の本質を明らかにするきっかけとなりました。そのおかげで私たちは、経験によって熱を利用していたそれまでの時代から、新しい"熱のサイエンス"を扱う時代に移行したといえるのです。

第2章 暮らしの中の熱のふしぎ

- こする
- たたく
- 曲げる
- 振る
- ひねる

外部から物体に運動エネルギーを繰り返し与える

物体

熱放射

熱エネルギーとして蓄積

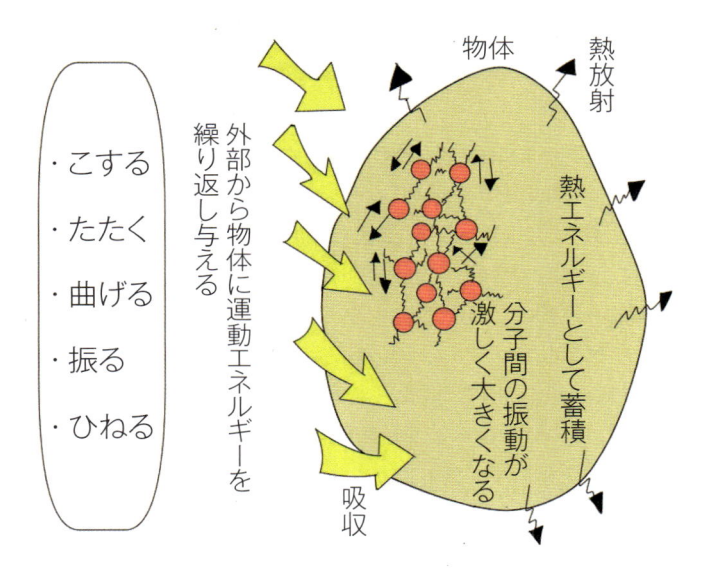

分子間の振動が激しく大きくなる

吸収

図　外部からいろいろな運動（ものでこする、たたく、曲げる、振る、ひねるなど）を繰り返し物体に与えると、そのエネルギーが物体に吸収されて、内部の分子の間をつないでいる原子配列や原子そのものを揺さぶり、強さや方向の異なるいろいろな振動を起こします。この振動が物体に蓄積されたものが熱エネルギーです。物体は温度に応じた電磁波を熱放射します。この過程を、運動エネルギーが熱エネルギーに変換されたといいます

> **MEMO**
>
> エネルギーの単位はJ（ジュール）です。ジェームス・ジュールという人の名前からつけられたものです。1850年にジュールは水を入れた容器にくし状の羽根車を入れ、それを回し続けると水の温度が上がっていくことを発見し、熱と運動の間にある一定の関係を導きました。

02 モノが燃えるためには どんな条件がある？

モノを燃やすには、3つの条件が必要です。

①**燃やしたいモノ**があること、それを②空気中など**酸素のある環境**に置き、③そのモノが**燃えだす温度**（発火点）まで温度を上げることです。どれ1つ欠けてもモノは燃えません。

私たちは暮らしの中で燃料を燃やして熱に変え、さまざまなことに利用しています。燃料には、石油系（ガソリン、軽油、灯油）、都市ガス、LPG（液化石油ガス）、木炭、薪や練炭（石炭粉末を練り固めたもの）があります。ガソリン、軽油は自動車用、灯油は暖房用、それ以外はおもに調理用や給湯用です。私たちが利用する電気のほとんども、天然ガス（LNG）や石炭、石油（原油、重油）を燃やした熱から高温高圧の水蒸気をつくり、その力で発電したものです。

石炭はほとんど炭素のかたまりで、石油は炭素と水素が複雑に結合したものです。都市ガスの主成分であるメタンガスは、炭素1つに水素が4つ結合したものです。

このような燃料を燃やすということは、燃料の成分である炭素（C）と水素（H）を酸素（O）と結合させることです。燃やすと炭酸ガス（CO_2）と水（H_2O）に変わります。燃焼はこの**発熱反応**を利用します。炭素が燃焼すると1gあたり32.76kJ（キロジュール）のエネルギーを発生し、水素ガス（水素2個が結合したもの）が燃焼すると1gあたり142.915kJのエネルギーを発生します。

都市ガスは、体積1リットルあたり45kJのエネルギーをもっていて、理想的な条件での燃焼温度は1700～1900℃の高温に達します。家庭で使うガスコンロでは、周囲への熱の逃げなどもあり、

温度は1000℃近くです。

　有機物は炭素と水素をかならず含むので、燃えるのです。プラスチックやペットボトル、合成繊維などは石油を原料にしており、当然燃やせます。一方、コンクリートや石およびセラミック系の絶縁物は、燃やすことができません。

この部分の温度が最も高い

発火点以上の温度上昇

酸素の供給

燃えるモノ　モノが燃える**3**条件

図　モノが燃える、あるいは燃やすということは、その中に含まれる炭素と水素が酸素と急激に結合して発熱反応を起こすことです。燃えるモノがあること、それが発火点以上の温度に保たれること、それに酸素（空気）があることの3条件がそろわないと、モノは燃えません

03 日光に当たるとなぜ暖かく感じるの？

　それは、太陽光（エネルギー）の約42％が、人を温めるのにちょうどよい電磁波（赤外線）だからです。

　太陽エネルギーは、約6000K（ケルビン）の温度をもつ物体からの電磁波放射と考えることができます。電磁波は宇宙空間を**損失なしの放射伝熱**によって地球までやってきます。

　電磁波は、名前のとおり波の一種です。電磁波は海の波のように凹凸のある形が繰り返されて進んでいきます。波の山から次の波の山（または波の谷から次の谷）のピークの間の水平距離を**波長**といいます。波長が1秒間に何回進むかを表したのが**周波数**です。

　太陽は、7色の虹（紫、藍、青、緑、黄、橙、赤）で知られるように、**可視光線**といういろいろな波長の電磁波の集まりです。太陽エネルギーのうち可視光線は54％で、これより短い波長の**紫外線**は4％、長い波長の**赤外線**は42％という割合になっています。

　電磁波は、波長が短いほどエネルギーの密度が強くなり、長いと弱くなります。太陽からやってくる赤外線の波長は、$0.83\mu m$（マイクロメートル、$1\mu m = $100万分の1m）から$2.4\mu m$くらいです。人の髪の毛の太さは平均の直径が$80\mu m$といわれているので、太陽からの赤外線は、その$\frac{1}{100}$から$\frac{1}{30}$程度の波長です。

　もう1つの電磁波の性質は、モノに当たると反射、吸収、透過が起こることです。その様子は、波長とぶつかる相手によって変わります。金属にぶつかるとほとんど反射されてしまいます。絶縁物はほどほどに吸収と反射がありますが、ほとんど透過します。電磁波が吸収されると、物質を構成している分子や原子に働き

かけて振動させます。つまり熱に変わるのです。地球上のモノが鮮やかに色づいているのは、モノがどの波長の色を多く反射するかで発色が決まるからですが、人の目が色の違いを見分けられるからだともいえます。

太陽からの赤外線は目には見えませんが、人の皮膚の0.3mmほどまで侵入できるので、0.1〜0.2mmの表皮とその下の真皮の一部にまで達して熱に変わります。人の皮膚の温度センサー（**温点**と呼ばれる）は、1〜2mmの厚さをもつ真皮の中にあるとされているので、暖かさを直接感じることができるのです。だから、冷たい北風に熱を奪われることのない、陽だまりの日向ぼっこは気持ちいいのです。

光の波長

単位：μm

紫外線	可視光線	赤外線
4%	54%	42%

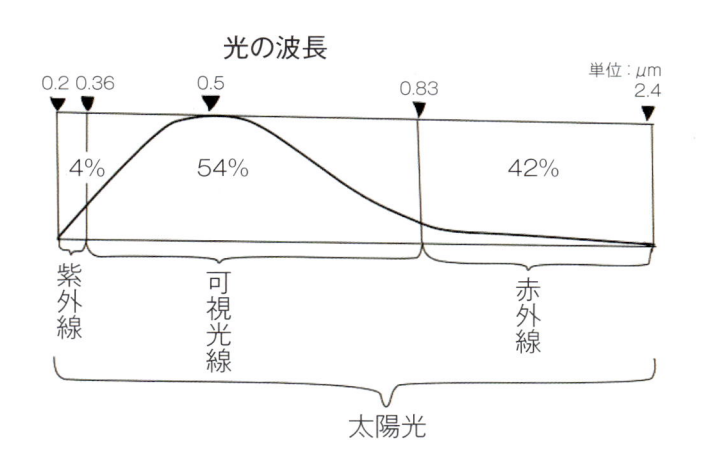

0.2 0.36　　0.5　　　　0.83　　　2.4

太陽光

図　電磁波である太陽光の波長と、紫外線、可視光線、赤外線のエネルギーの割合を表しています。暖かく感じるのは、波長が長い赤外線がおもに吸収されるからです。紫外線の比率は少ないのですが、1光子の力が強いので、皮膚や目には注意が必要です

04 エアコンはどうして暖房できるの？

　水は高いところから低いところに流れます。熱も高温側から低温側に伝わります。逆に、水を低いところから高いところに移すときは、ポンプを使います。ポンプを動かすためには、動力が必要です。熱も同じです。低い温度から高い温度にしようとするときは、ポンプのように熱をくみ上げるしくみが必要です。これを**熱ポンプ**といいます。熱ポンプを動かすには、やはり動力が必要です。部屋の暖房には、燃料(灯油、都市ガス、薪など)を燃やしたり、電熱器を使うこともできますが、これらに比べて効率や使い勝手がよいので、エアコン(エア・コンディショナー：空調機)が普及しています。

　熱ポンプの原理は、蒸気を圧縮すると温度が上がるという性質と、蒸気が凝縮して液体になるときに**凝縮潜熱**という大きな熱を放出する性質の2つを利用しています。熱をくみ上げて外気の低温な空気を温めるためには、外気温よりかなり低い温度で沸騰する性質をもった物質(−26.5℃や−61.4℃に沸点をもつ媒体など)を使う必要があります。外気の低い温度でこの低沸点媒体を気体にして、動力で圧縮すると加熱できます。この高温の熱で温めた空気を室内に送り込んで暖房します。空気を温め終わった媒体は凝縮潜熱を放出して液体になり、ふたたび外気温で蒸発して気体になり、これを繰り返します(サイクルという)。

　エアコンの効率は、暖房として室内に送り込まれた空気のもつ熱量と、エアコンを動かした電力の比で表されます。これをエアコンの**成績係数**(COP)と呼び、通常は4〜5くらいです。これは電熱器の4倍以上の効果があることを示しています。

第2章 暮らしの中の熱のふしぎ

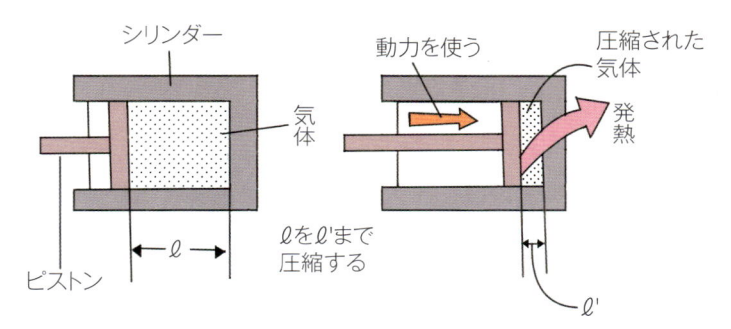

図1 気体を入れたシリンダーのピストンを押していくと体積が減り、圧力が増えます。気体は圧縮すると温度が上がる性質があり、エアコンの暖房はこの性質を利用して空気を温めます

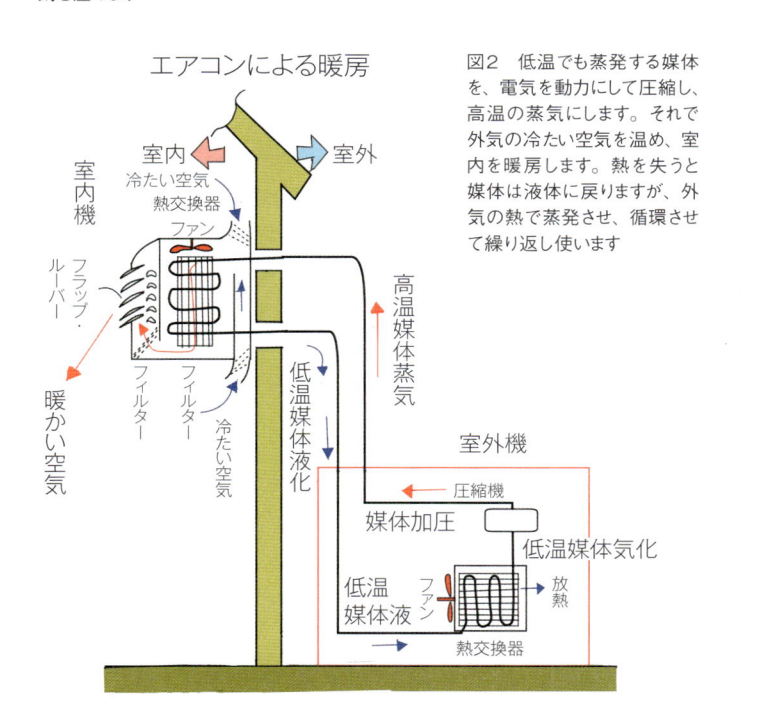

エアコンによる暖房

図2 低温でも蒸発する媒体を、電気を動力にして圧縮し、高温の蒸気にします。それで外気の冷たい空気を温め、室内を暖房します。熱を失うと媒体は液体に戻りますが、外気の熱で蒸発させ、循環させて繰り返し使います

05 床暖房を導入したいけどメリットはある？

　床暖房は部屋の床のすぐ下に熱源があり、面として25℃から30℃の熱を保つ室内暖房の1つの方法です。韓国では調理の際の排煙を循環させる**オンドル**が有名で、床ばかりでなく壁や天井からも温められます。床暖房の歴史は古く、紀元前25年くらいのローマ帝国の時代に発明されたといわれています。

　いまは熱源に電熱ヒーター、ガス温水器、調理排熱、廃熱温水などが用いられます。電熱ヒーター方式では、電気エネルギーを100％熱に変えることができます。電熱ヒーターには、電熱器や電気ストーブでも使われるニクロム線が通常使われますが、安全性を向上させるために**セラミック抵抗体**（PTC：チタン酸バリウムを主体とした、電気を通すセラミック）が使われる場合もあります。これは、温度が上がると発熱体そのものの電気抵抗が増えて、流れる電流を自己制御で減らす性質を利用しています。

　床という面で熱を与えるので、人体は3つの熱の伝わり方でおだやかに温められます。床にからだを接触させれば、床から**熱伝導**で温められます。また、25℃から30℃という温度でも9.5〜9.7μmを中心とする波長の遠赤外線をだしているので、太陽からの熱の伝わり方と同じ**熱放射**で直接からだが温められます。これは太陽エネルギーの$\frac{1}{10}$〜$\frac{1}{20}$くらいの強さです。3番目は、暖かい床がすぐ上の空気を温め、軽くなった空気が足元からじわじわと上昇してきて温めてくれる**自然対流**によるものです。このように、床暖房はいろいろな方法でじわじわとおだやかに暖房してくれるのです。

第2章 暮らしの中の熱のふしぎ

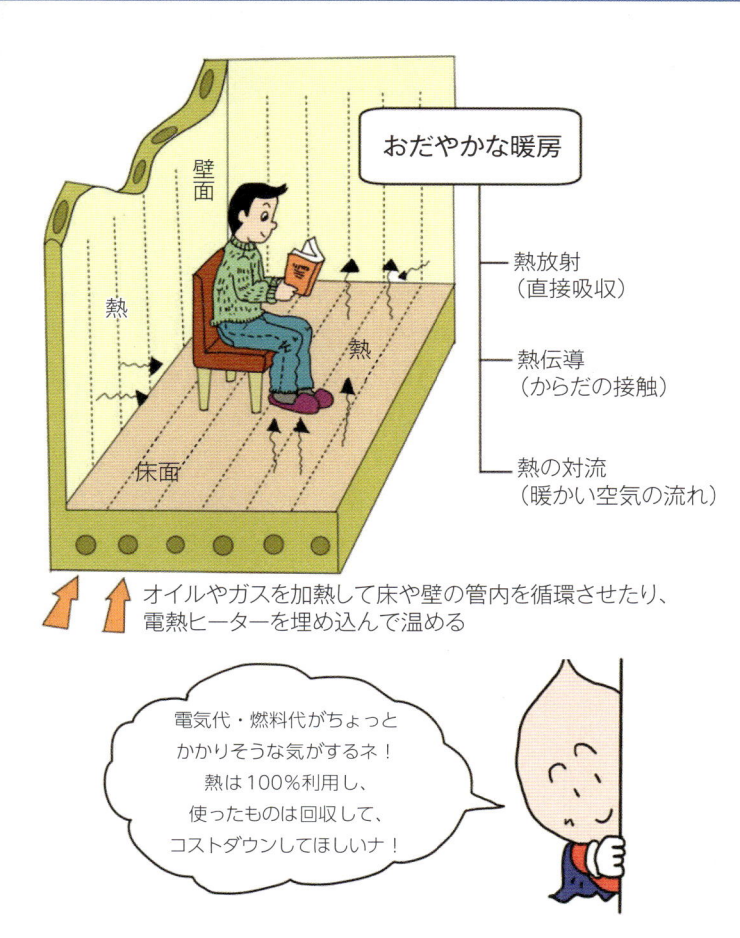

おだやかな暖房

壁面

熱

熱

床面

- 熱放射（直接吸収）
- 熱伝導（からだの接触）
- 熱の対流（暖かい空気の流れ）

オイルやガスを加熱して床や壁の管内を循環させたり、電熱ヒーターを埋め込んで温める

電気代・燃料代がちょっとかかりそうな気がするネ！熱は100％利用し、使ったものは回収して、コストダウンしてほしいナ！

図　昔から「頭寒足熱」といわれ、熱が足元からくることは、人を快適な状態にするベストな環境といえますが、床暖房はおだやかさが売りの暖房方法です。オイルやガスはまとめて1カ所で加熱され、それを床に張り巡らせた配管に流して、床面を均一に温めます。あるいは電熱ヒーターを床面に均一に埋め込む方法もあります。温度は25〜30℃くらいで、じっくりおだやかに暖房します。安心安全な健康快適社会の実現の必須アイテムになるでしょう

06 電気こたつの ぬくもりの秘密

　エアコンやヒーターなど暖房器具にはいろいろな種類がありますが、**電気こたつ**の暖かさは格別で、根強い人気があります。あのほんわかした暖かさはどこからくるのでしょう？

　その秘密は、発熱体に**赤外線ヒーター**が使われているからです。これにも種類があって、**ハロゲンランプヒーター**や**カーボンヒーター**、**コーツランプヒーター**など、近赤外から遠赤外の領域に波長のピークをもつ各種の発熱体が用いられています。

　ハロゲンランプヒーターのこたつを例に、しくみを見てみましょう。電気こたつは、床を掘り込んだ底に発熱体が置かれている「掘りごたつ型」と、テーブルの下に発熱体を取りつける「やぐらこたつ型」に分かれます。後者の発展型には、イス式のものがあります。発熱体からの熱放射による加熱に加え、送風用のファンを用いた強制対流熱伝達を利用して、布団などの保温性の高い布でおおわれた閉じた空間で足や腰を温めます。発熱体は高温になるので、ヒーターには129℃で切れる安全温度ヒューズをもたせ、やけどしないように熱伝導率の低い材料を網状にしてカバーしています。また、電源スイッチと、温度を調整するコントローラーを備えています。

　ハロゲンランプヒーターには、高温に強いタングステン（W）をフィラメントにして、管の中に窒素（N）やアルゴン（Ar）の不活性ガスとともに、ハロゲン元素の仲間である臭素（Br）が微量（0.1％程度）添加され、高圧で封入されています。高温のタングステン－ハロゲン化合物が発熱体となり、ガラス管を通して近赤外線領域（波長0.9～1.6μm）の熱を放射します。電力から発光までの

変換効率は85％程度で、反射や吸収などにより最終的な効率は40％程度となるといわれています。消費電力は普通タイプで最大600W、最小90Wなので、足元を保温マットにするなど、極力熱を逃がさないように工夫することが大切です。

カーボンヒーターは炭素繊維がヒーターとして組み込まれたもので、遠赤外線（波長4μm程度）をだしやすい素材であり、人体に対する暖房効率はハロゲンヒーターの2倍程度高いともいわれますから、省エネ型といえるでしょう。

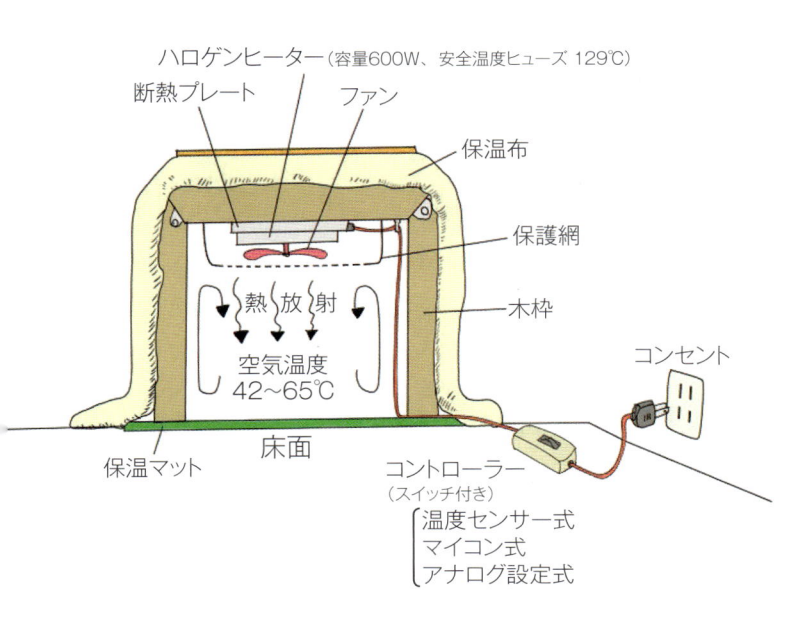

図　電気こたつは、日本の伝統的なこたつ文化を継承するもので、すぐに温まり、温度調整が簡単で、ガスなどが発生せず、電源の切り替えが容易なので、安全性の高い暖房器具の1つです。発熱体の性能に加えて、基本的には熱放射による暖房になりますが、42〜65℃程度になる温まった空気をいかに逃がさないで利用するかがポイントです

07 断熱カーテンの特徴はなに？

断熱カーテンには、外気の高熱や冷熱および太陽光の直射などの熱を遮断し、室内の快適な環境を維持する働きがあります。断熱カーテンの利用は、自分の周囲の環境維持にエアコンや都市ガス・灯油ストーブなどを利用するエネルギー消費型の方法ではなく、エネルギーを使わない省エネ型なので、環境にやさしいともいえます。これは、体温維持に帽子やマフラーを身につけたり、シャツやセーターなどを重ね着するのと同じです。

断熱カーテンに求められるのは、**熱放射、熱伝導、熱対流**による熱の伝達をさまたげることです。そのうえで、軽くてやわらかく安価でなければなりません。そのため、布地に機能を付加する**表面加工**や**多層化**を行います。

使われる素材は、**機能素材**と呼ばれます。通常は、遮光や透光調整用のレースカーテンと併用することが多くなります。これは、空気の熱伝導率がガラスの$\frac{1}{40}$であることを利用して、自然の断熱効果を生かせるからです。さらにポリエステルなどの合成繊維がもつ、形状や構成で熱に対する性質を変えられる利点を生かします。

室内側の生地は綿素材が最適です。ウールに比べると綿素材の熱伝導率は6倍以上大きく、手ざわりもよくなります。綿素材は、熱伝導率がカーテンの上下方向で大きく、表裏方向で小さいため、部屋の上下の温度差を減らすことができます。

ちなみに遮熱カーテンといわれるものは、熱放射による熱の侵入を表面で反射することで防ぐ機能があります。熱伝導率が多少大きくても、反射の大きい素材が選ばれます。

第2章 暮らしの中の熱のふしぎ

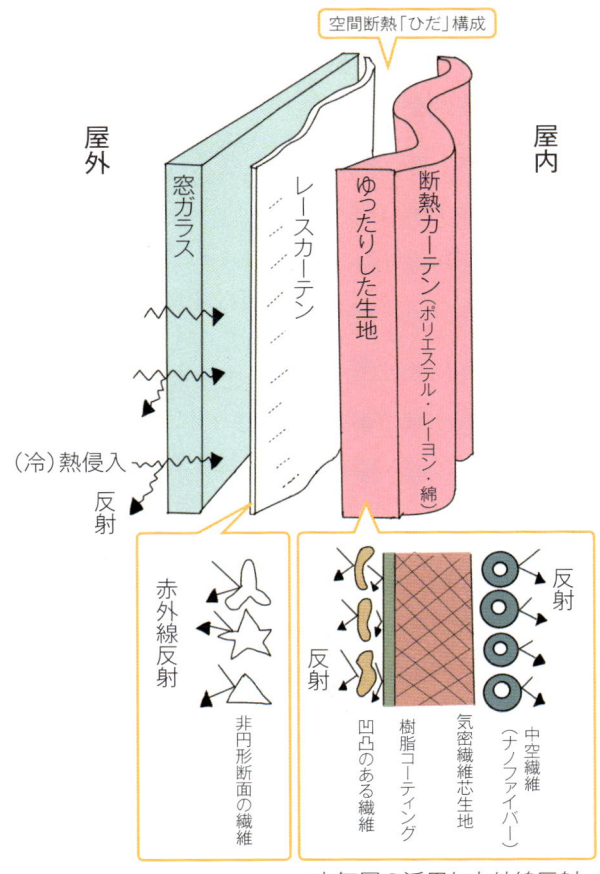

空間断熱「ひだ」構成

屋外 / 屋内

窓ガラス／レースカーテン／ゆったりした生地／断熱カーテン（ポリエステル・レーヨン・綿）

（冷）熱侵入
反射

赤外線反射 — 非円形断面の繊維

反射 — 凹凸のある繊維／樹脂コーティング／気密繊維芯生地／中空繊維（ナノファイバー）／反射

空気層の活用と赤外線反射・低熱伝導性の利用

図 窓ガラスに近いところのレースカーテンには、可視光線や赤外線の反射に適したY形、星形、三角の断面をもつ繊維を使います。断熱カーテンは、ゆったりしたひだ（ドレープ）の多い構成にして、空気を間に閉じ込めます。窓側は凹凸や光沢調の表面にして赤外線を反射させ、次の気密層で空気の流れを完全に遮断します。室内側は熱伝導率の低い中空繊維層を配します

08 結露を防ぐにはどうする?

結露は、空気がより低い温度の物質に触れたときに、水蒸気の温度が下がり、ものの表面に水滴として現れる現象です。

空気中に含むことができる水蒸気の量は、温度や圧力で変化します。とはいえ、大気の圧力は1気圧と一定なので、温度によって変わるといえます。たとえば、空気1m³中に含むことができる水の量は、25℃のときは約26.1gですが、10℃になると10.14gが限界です。空気中に水分が最大限含まれている状態が湿度100%です。空気の温度が25℃から10℃に下がると、1m³の空気から26.1-10.14≒16gの水が液体となって現れます。

ある温度での湿度とは、その空気に含まれる水分の量の、許容限界量に対する割合です。湿度が100%になる温度を露点といい、結露が発生します。

結露は、空気のあるところでは起こる可能性があります。特に湿度が高く、温度差がつきやすく、風通しの悪いところであれば、より結露する可能性が高くなります。注意しなくてはいけないのは、水蒸気は水分子なのでどんな狭いすき間にも入り込めることです。また、温度差があり湿度差もあるところでは、それが浸透する力となって水分子が侵入していく性質があります。

この結露の性質をよく知ることで、対策を立てることができます。湿度を下げるには、気密性を最大限にして除湿器をつける方法が効果的です。さらにいえば、特定の場所をもっと低い温度に冷やして、集中的に空気から水分を除去する方法や、水分だけを吸収・吸着させてしまうなどの方法があります。逆に、気密性をなくして空気の流れをよくすることでも、温度差がなくなり

第2章 暮らしの中の熱のふしぎ

結露を防ぐことができます。昔の家は風通しがよかったため、現在のような結露問題はなかったといわれています。

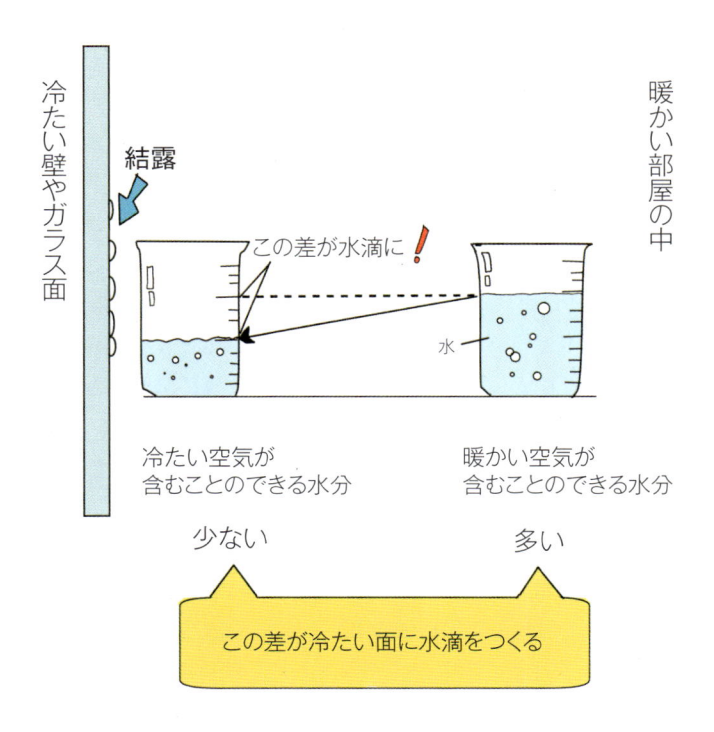

冷たい壁やガラス面

暖かい部屋の中

結露

この差が水滴に！

水

冷たい空気が
含むことのできる水分

少ない

暖かい空気が
含むことのできる水分

多い

この差が冷たい面に水滴をつくる

図　温度が高いときは、空気中に多くの水が蒸気の状態で存在できますが、温度が下がるとその量が図のように減るため、限界を超えた水が液体となって結露します。エアコンのドライ設定はこの性質を利用して、低温で人工的に結露させて空気中の水分を除去し、再度加熱して元の温度に戻しています

09 「ヒートテック」ってどうして暖かさが持続するの？

　寒さ対策としての衣類には、以前から綿や絹、羊毛などの天然素材の繊維の太さや編み方を工夫して、快適さを保ちながら体温が逃げず、外部から寒気が入り込まないようにしたものが使われてきましたが、限界もありました。そこで、熱を効果的に保持する機能を化学繊維にもたせる技術が検討され、科学的に暖かさをつくりだす製品が生まれたのです。

　その1つが、ユニクロと東レが共同開発した**ヒートテック**の生地です。からだからは寒いときでも発汗し水蒸気が発散されていますが、それを生地内で凝縮し、その際に発生する**凝縮潜熱**を皮膚のごく近くの断熱層に閉じ込め、その熱をもった繊維をからだに密着させることで、熱伝導によって皮膚に暖かさを伝えます。凝縮し液体になった水分は、毛細管現象を利用して、熱伝導がよく通気性にすぐれた外側の層へ導き、外部の熱で水蒸気に変えて放出します。

　水蒸気が水に変わるときは、水を1℃上げるときの500倍以上の熱を凝縮潜熱として放出します。量はわずかでも熱量は大きいので、十分効果が期待できます。人体は1日に約0.8リットルの水を水蒸気としてだしているといわれており、この量を蒸発潜熱に換算すると、約20.9Wの熱を絶えず放熱していることになります。これを100％回収できれば、逆に人はいつも20W程度のヒーターに囲まれていることになります。

　もう1つの暖かい肌着のつくり方は、半永久的に4〜14μmの遠赤外線を放出する**黒鉛ケイ石**（別名グラファイトシリカ）と呼ばれる物質を、0.3μm程度の大きさまで細かくして、それをポリ

エステル繊維に練り込んだ糸をつくり、生地にしたものです。加茂繊維がクラレとグンゼの支援のもと開発に成功した**あったか肌着**です。この肌着からの熱放射は、体温に近い領域の波長なので、適度な暖かさが得られると評価され、肌着以外にもレッグウォーマーやロングショールなどに用途が広がっているようです。

ヒートテック繊維の構造

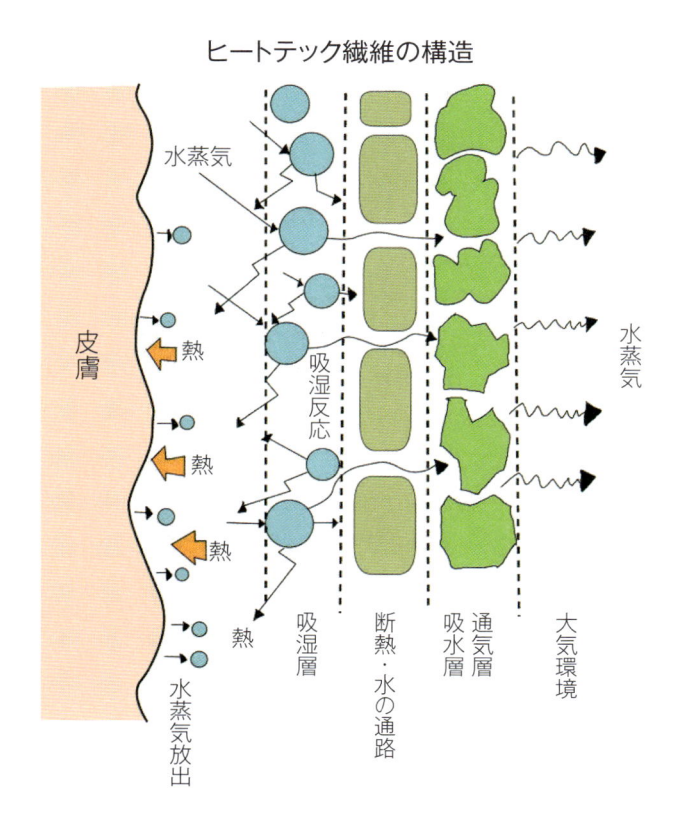

図　ヒートテック繊維の肌に触れる生地は吸湿層で、その外側に水分だけを通し熱を遮断する層、さらにその水を吸いだして大気に放出する通気層で構成されています

10 どんなウインドブレーカーを選ぶといいの？

　寒い風から体温を守る方法の1つは、ウインドブレーカーなどで風を遮断することです。冷たい風の速度が1m/秒増えるたびに、人が感じる体感温度は約1℃低下するという経験則がありますが、実際の低温時はもっと厳しく、湿度も関係するという経験式がだされています。それによると、気温5℃で5m/秒の風が吹けば、湿度が60%では-6.2℃、湿度80%では-7.5℃にも感じるといわれます。これは風による空気の流れ（流速）によって、無理やり（強制的）に物体から熱を奪う**強制対流熱伝達**によって、からだから熱が奪われるからです。

　体感温度で-29℃は、生命に危険がおよぶ温度といわれています。たとえば、気温が-5℃で、湿度90%、風速が15m/秒のやや強い風があると、体感温度が-29.1℃になる計算です。からだからの熱の発散は頭部だけで50%といわれるので、防寒時の帽子の着用は有効です。

　ただし、風を遮断する機能だけで、人が着用する衣類に使うことはできません。風を遮断するだけであればビニールでもいいわけですが、人体は発熱体でもあることを忘れてはなりません。

　むしろ、体温を保持する機能さえあれば、暖かさは十分確保されます。人体は常に発汗して水分をだしているので、適度な保温と保湿の機能が、ウインドブレーカーの最低条件です。汗が蒸発して水蒸気になったときの水粒子の大きさは0.0004μmくらいなので、霧雨の水滴の0.1mmに比べると、約25万分の1の大きさです。つまり、汗の水蒸気は通り抜けられるけれども、霧雨は通過できない寸法の穴を多数もった膜が、できるだけ安く簡単に

できればいいことになります。空気分子は通り抜けられる大きさの穴ですが、通りにくくなる工夫を加えることで、断熱効果を十分もたせることができます。また、人が快適に着用し続けられるように、汗をすみやかに吸い取り、それを蒸発させる層が肌に接するところに設けられていることが重要なポイントです。

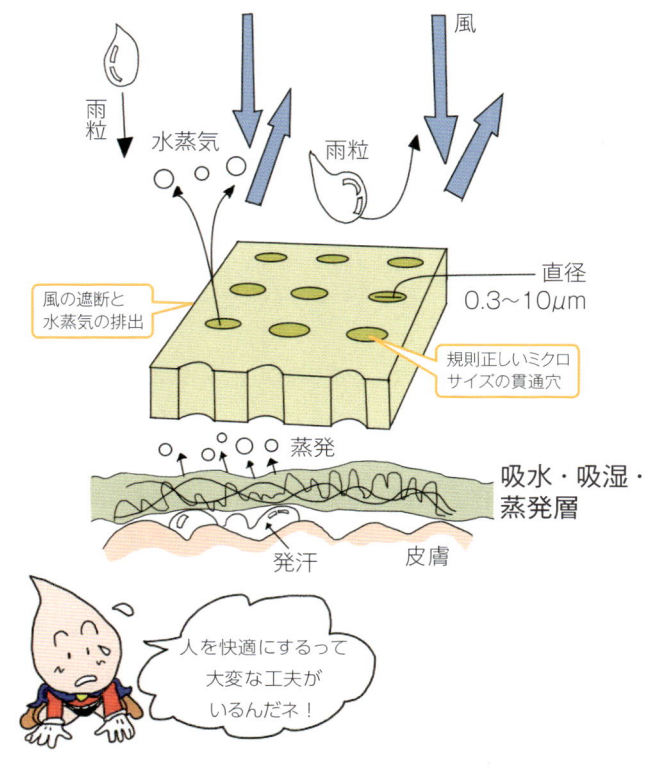

図　風を遮断するだけであればビニールで十分ですが、人体からの発熱と発汗への対策が必要です。その工夫として、水蒸気が通り抜けられる直径0.3〜10μmの穴を多数もたせています。風対策としては、このミクロな構造に加え、経路を複雑にすることで、風の侵入を最小限にしています

11 ニクロム線に電流を流すとなぜ発熱するの？

　一般に、電気を流す**金属**や**半導体**を**導体**と呼んでいます。導体にも、電気を流しやすいものとそうでないものがあり、導体に電流を流すとかならず熱が発生します。

　電流を流しやすいかどうかは**電気抵抗**の大小で表しますが、通常は単に**抵抗値**を用いて、単位はオーム（Ω）を使います。電流が熱に変わるのは、物質の中を電流（電子）がほぼ光の速度で動いていくときに、金属原子の熱振動や結晶の欠陥がその進路のじゃまをして、電子が運動エネルギーを失うからです。失われた運動エネルギーは物質の中で熱に変わります。これが電流による発熱で、**ジュール熱**と呼んでいます。これは交流も直流も変わりません。

　家電製品には電源コードがつながっています。電源コードは細い銅線を何本もねじって束ねられ、ビニールなどの絶縁物で被覆(ひふく)されています。家電を使っているときでも、電源コードが熱くならないのはなぜでしょう？　電流が流れても電線の抵抗値が小さいので、熱に変わりにくいからです。抵抗の大きさは、素材である金属の種類に左右されます。また、線の長さに比例して大きくなり、断面積に反比例します。ニクロム線の素材としての電気抵抗は、単位断面積（1m^2）、単位長さ（1m）あたりの抵抗値としてΩm（オーム・メートル）で表されますが、これは銅の抵抗値の約65倍にもなります。

　ニクロム線はニッケル（Ni）とクロム（Cr）という金属をある割合（たとえばニッケル80％、クロム20％）で混ぜ、溶かして固めたものです。つまり、ニクロム線はニッケルクロム合金からつく

第2章 暮らしの中の熱のふしぎ

られています。ニッケルやクロムは、メッキの原料として私たちの身近なところでも使われている、さびにくく安定した安全な金属です。合金の融点は1430℃なので、500℃から600℃くらいの加熱用途で使われます。電気製品には取り扱いが簡単で、温度設定も正確で楽です。電熱器以外に、電気トースターや電気オーブンなどにも使われています。

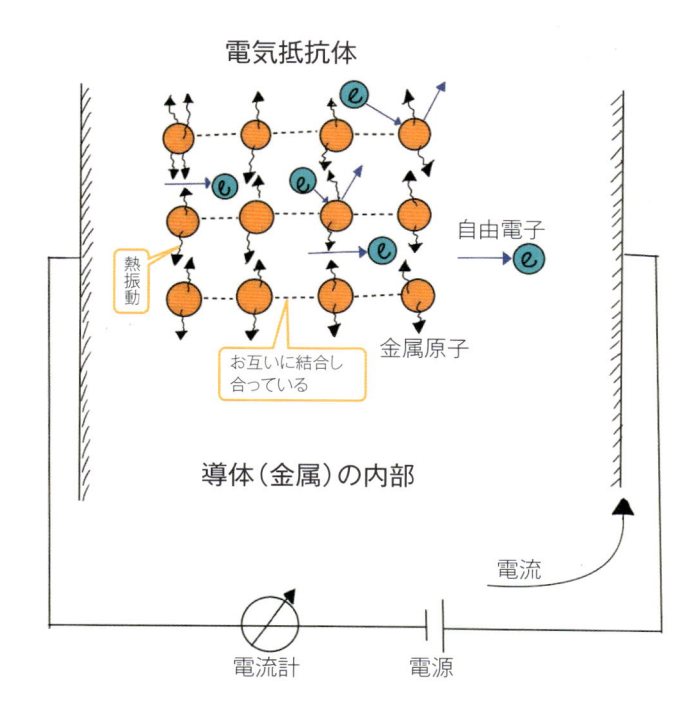

電気抵抗体

自由電子

熱振動

お互いに結合し合っている

金属原子

導体（金属）の内部

電流

電流計　電源

図　金属は原子が規則正しく並び、熱によって振動しているので、自由電子とぶつかります。これが電気抵抗になり、発熱のもとになります。温度が上がると抵抗値が上がるのは、金属の特徴です。金属の種類によって抵抗が変わるのは、金属を構成する原子の配列が異なるからです。抵抗値が低い金属は銀、銅、金、アルミの順なので、電線にはコストや資源を考えて銅が使われています

12 火災のときの安全な逃げ方は?

　火災に遭遇したときは、「どこから燃えているのか」「なにが燃えているのか」を知ることが大変重要です。そして、まず自分の身の安全を確保することです。

　屋内で火災が発生すると、火は周囲から大量の酸素を奪い、一酸化炭素などの有害なガスや、空気より重い二酸化炭素を充満させます。新鮮な空気を吸うために姿勢を低くし、頭と顔を守りながら、一刻も早く火元から離れてください。

　屋外にいるときに大規模火災に出会ったら、落下物や飛来物に注意しながら、あわてず火元から風上へ向かって離れてください。

　初期火災の消火は、燃えているものが油であることも考えられるので、燃焼条件の1つである、酸素の供給を止めることを心がけるのが第一です。比較的燃えにくい毛布や布団などで、すっぽりと火をおおってください。この目的のために、**消火布**というナノファイバーのきわめて細い繊維でつくられた布もあります。

　人が退避時に動ける温度は、40℃から50℃までといわれています。通常、出火開始2分で空気温度は50℃になるというモデル計算があるくらいですから、一刻も早い行動が求められるのです。気体（空気や燃焼ガス）は絶対温度に比例して体積が増えるので、その分軽くなります。熱い排気や排煙は上に行きます。したがって、姿勢を低くすることが大事です。床に近いところには新鮮な空気が残っている可能性があります。壁際の低いところなども新鮮な空気がある可能性が高いのです。当然、煙の濃度もその付近は低いので、視界も比較的開けているでしょう。

　紙の熱伝導率は空気の2倍くらいと低く、1枚の紙は燃えやす

いのですが、新聞1回分のように十数枚重なっていると熱が伝わりにくくなり、酸素も供給されないため、まるで木材のように表面が燃えるだけで全体は燃えにくくなります。新聞紙をせめて数枚でも水でぬらし、頭にかぶって退避することは有効でしょう。水分補給も忘れずにしてください。

大規模火災の場合、延焼速度は速くても人の歩く速度の$\frac{1}{10}$といわれているので、あわてず退避してください。

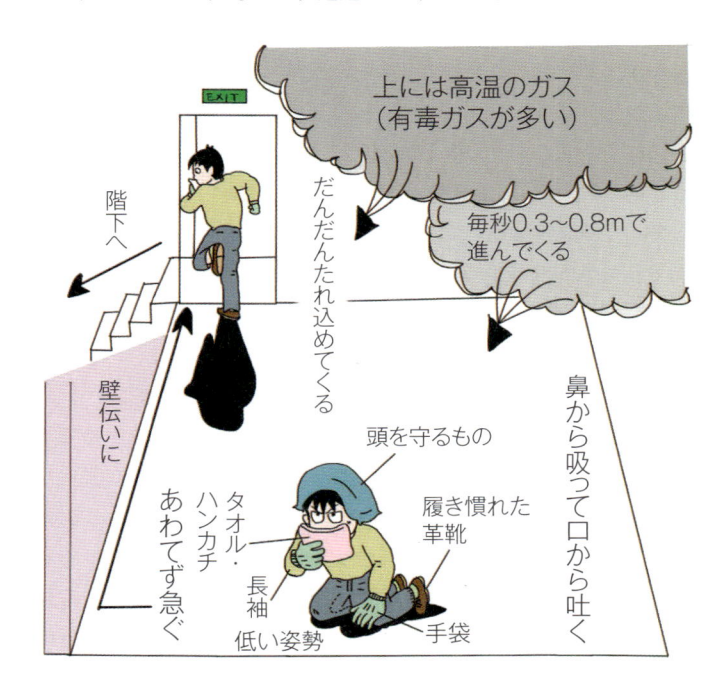

図 いつどんなときでも、火災にあったら落ち着いて、高温の空気や煙の広がる方向を見定め、低い姿勢で口をタオルでおおい、頭を守りつつ壁に沿って脱出します

13 ラジエーターにはどんな役割がある？

　ラジエーターは、自動車のエンジンケースを冷却するために使われる**放熱器**です。放熱器の役割は、エンジンや空気圧縮機、または暖房装置の中で発生した熱をそこから移動させ、別のところで放出することです。熱を移動させるには、いったん液体や気体に移しますが、このようなしくみを**熱交換器**といいます。

　そんな面倒なことをしなくても、熱が発生したらすぐに大気などまわりの環境に放出すればいいのでは？と、疑問をもたれるかもしれません。ところが、熱の発生源の周辺に場所的な制約があるときは、それができません。そのため、熱をいったん液体に移して、その液体を放熱しやすい環境のところまで導き、そこで放熱する必要が生まれるのです。この方法では発生熱源の容器を一様な温度にできるので、装置の性能を安定させたり、耐久性を延ばすという効果もあります。

　エンジン駆動の普通乗用車のラジエーターで説明しましょう。

　エンジンのケースを適正な温度に保つには、余分な熱を冷却水に移し、それを冷却ポンプでラジエーターに運んで大気に放熱します。放熱で冷やされた冷却水は循環して、ふたたびエンジンの冷却に使われます。寒冷地でも使えるように、冷却水には不凍液（エチレングリコール）30％を含む水道水が使われています。防食剤や消泡剤も微量混ぜてあります。排気量にもよりますが、乗用車では一般的に約30％の熱をラジエーターから放出しています。エンジンに入る冷却水の温度は80〜83℃程度で、毎分100〜200リットルが循環しています。温度の上がった循環冷却水は、フィンが多数装着されたラジエーター内の冷却プレートや管内を

第2章 暮らしの中の熱のふしぎ

通り、そこでファンに空気を吹きつけられて強制的に冷却されます。

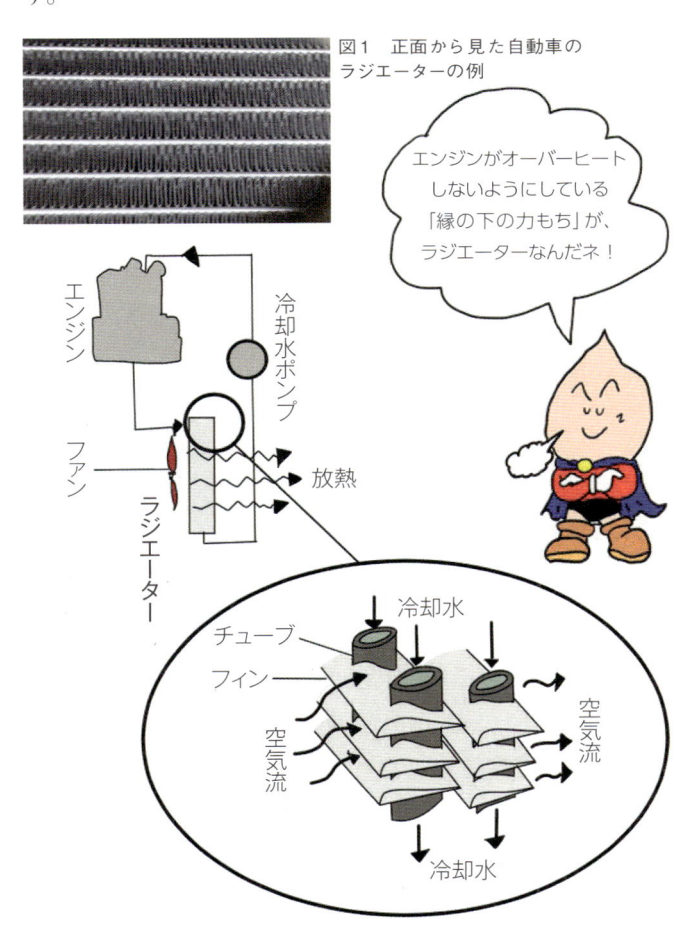

図1　正面から見た自動車の
ラジエーターの例

エンジンがオーバーヒート
しないようにしている
「縁の下の力もち」が、
ラジエーターなんだネ！

図2　外気の空気とエンジン冷却水が強制対流熱伝達によって熱交換を行うのが、ラジエーターの目的です。空気の熱伝導率は水に比べて20分の1程度と低いので、空気側の伝熱面積を大きくするフィン構造がいろいろ工夫されています

14 廃熱を再利用しているって聞くんだけど？

　熱をある目的で使ったとき、多くの場合は温度が下がった状態で外に排出されます。それが**廃熱**です。「役目を1つはたした熱」であっても、まだ温度が高い場合が多々あります。そのため、その温度の熱を別の用途に使うことを**廃熱利用**と呼んでいます。

　ガソリンや軽油を燃料とする自動車では、エンジンで燃料を燃焼させて駆動力をつくりだしています。その後のエネルギーは外に排出されて、廃熱になります。ただし廃熱の一部は、冬期の暖房用に利用されています。これは立派な廃熱利用の例です。現在の自動車では、70％くらいの廃熱が大気に捨てられています。そのため、自動車の廃熱をもっと有効に利用する研究開発が進められています。

　わが国では、人は1日に平均1kg弱の生活ごみをだしています。このごみは集められ、75％程度が焼却されます。1kgの廃棄物には約0.3リットルのガソリンに相当するエネルギーが含まれているので、大型の焼却場ではかなり前から焼却時の熱で蒸気をつくり、それで発電しています。ただし、中小規模の焼却場ではまだ再利用されていません。立地条件がよければ、さらに焼却炉を冷却するときに温められたお湯でプールの水を温め、温水プールに活用しています。またこの廃熱で温室をつくり、野菜や果物あるいは花卉（かき）の栽培に活用しています。

　石油ストーブや薪ストーブで暖房と同時にお湯を沸かすのも、一種の廃熱利用といえます。これからは、いままで捨てていた廃熱を有効に利用することが重要になるでしょう。

第2章 暮らしの中の熱のふしぎ

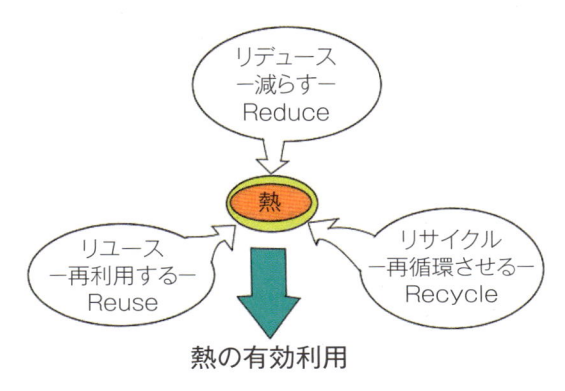

```
       リデュース
       —減らす—
        Reduce
          ↓
   リユース  熱  リサイクル
  —再利用する—  —再循環させる—
    Reuse      Recycle
          ↓
      熱の有効利用
```

図1 熱の有効利用のため、熱の利用そのものを減らす、再利用する、再循環させる技術（3Rと呼ぶ）の確立が待たれています（p.128コラム参照）

ガソリン → エンジン → 走行エネルギー **25%**

空気 →

摩擦損失 **5%**

排ガス **40%**　温排水 **30%**

→ ラジエーター

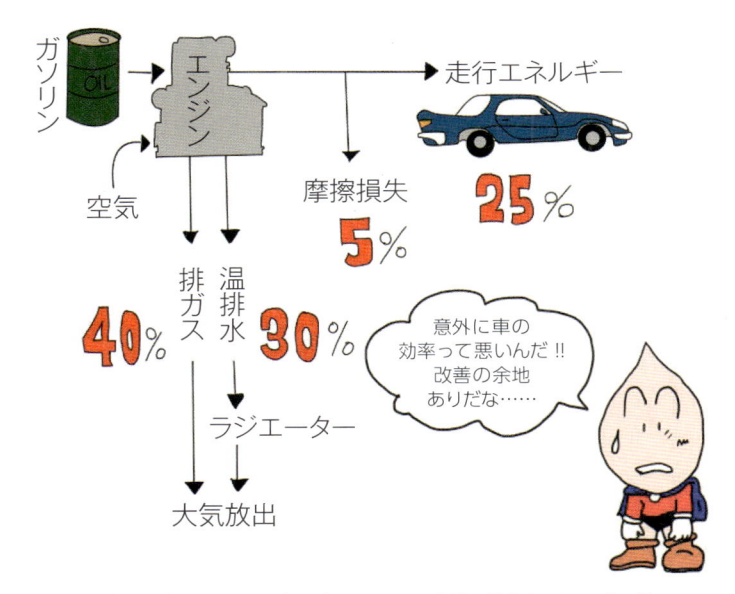

→ 大気放出

「意外に車の効率って悪いんだ!!
改善の余地ありだな……」

図2 自動車は、ガソリンのもつエネルギーの25%しか有効に使えません。エネルギーの40%は、400℃近い温度の排ガスとして大気中に捨てられています。この熱をうまく電気に変える方法や、熱の利用が検討されています

15 冷房のしくみとは？

　タオルを水につけてからゆるく絞って扇風機の前に置くと、そこを通り抜けてきた風は一段と涼しく感じます。水を含んだタオルに扇風機の風が当たると、水分が蒸発します。蒸発には大きなエネルギーが必要なので、まわりの空気から熱を奪います。そのため、タオルのすき間を通り抜けた空気は冷やされるのです。生活の知恵ではありますが、これを続けるのはちょっと面倒ですね。湿度の問題もあるのであまりお勧めできません。

　エアコンのクーラー（冷房）は、基本的にはこのしくみと同じです。冷房では、0℃以下の低い温度でも蒸発する媒体を使います。液体の媒体を入れた容器の圧力を下げていくと、液体は蒸発し始めます。このときに**蒸発潜熱**という大きな熱を必要とします。そのため、まわりから熱を奪います。

　まず媒体自体の温度が下がり、さらに容器の熱を奪うことで、外部の熱を奪います。まわりに空気があったとすると、その空気は冷やされます。媒体がどんどん蒸発してなくなってしまうと、そこで冷房効果も止まります。それでは困るので、この空気を冷やした蒸気を再利用します。それには電気を使って圧縮します。圧縮すると媒体の温度がかなりの高温になるので、それを外気の温度で冷やして液体の状態に戻します。この液体を最初の容器に送り返して、循環させます。

　媒体と空気の熱のやり取りをする装置を**熱交換器**と呼んでいます。媒体を蒸発させるものが**蒸発器**で、熱交換器の一種です。逆に、気体を凝縮して液体にする役目の装置を**凝縮器**と呼びます。

　空気自体は気体のままで熱のやり取りをして温度を下げますが、

熱に比例して温度が変化するわかりやすい変化なので、**顕熱熱交換**（けんねつ）といいます。空気を冷やすとそのままでは湿度が上がるので、冷房では余分になった水分を除去し、適切な湿度に保つようにしています。

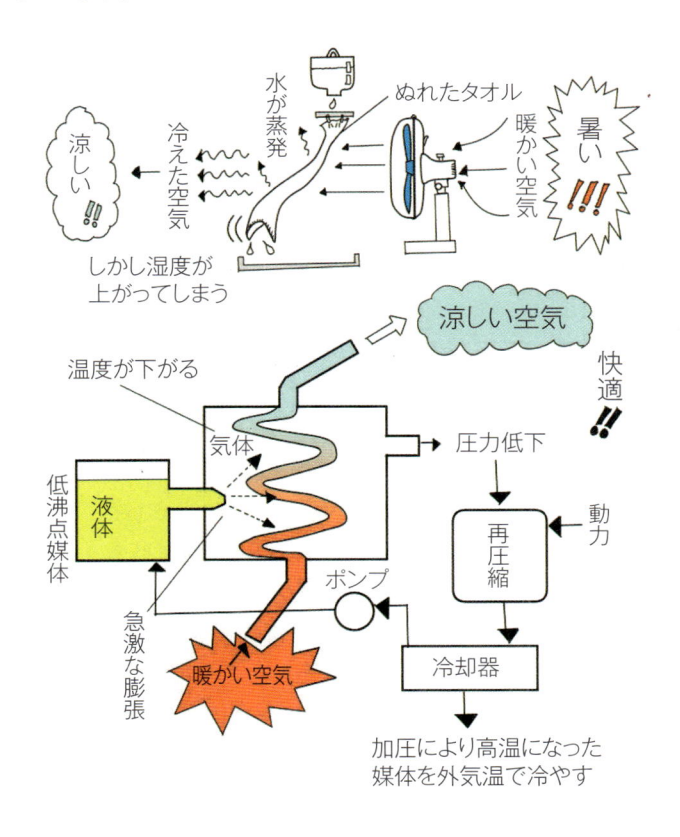

図 液体が気体に変わるとき、大きな熱をまわりから奪います。この原理を利用するのが冷房です。特別な媒体を使い圧力の低いところにだして気化させ、冷風をつくります。利用した媒体はまわりの空気と動力を使って液体に戻し、再循環させています

16 面冷房ってどんなもの？

　エアコンのように冷風で部屋を冷やすのではなく、天井や壁といった広い面で冷房効果をつくりだすものを**面冷房**といいます。平面でも曲面でもかまいませんが、ある面全体が一様に冷えている状態にします。面冷房の原理は、真夏に氷柱の近くにいくと涼しく感じたり、トンネルの中に入ると涼しく感じるのと同じです。

　私たちは体温を熱源にして電磁波を放出しています。これは波長が4〜30μmの赤外線です。成人は平均50〜100W（ワット）の熱を放出するので、1日に熱量で1000kcal（キロカロリー）程度になります（50Wの場合）。熱は高温から低温に流れる性質があるので、高温の性質をもった電磁波は冷温の面に向かって流れ、そこで吸収されます。こうしてからだから放出した熱が奪われると、涼しく感じるわけです。風がなくても涼しくなります。面冷房では、原理的には空気の流れがない状態なので静かで、ほこりが舞うこともありません。また均一性が高いという特徴もあります。人にやさしい、おだやかな冷房方式といえます。美術館や図書館、あるいは高齢者向けなどの福祉施設やオフィスなどに適しています。

　面冷房を効率よく行うために、**地中熱**が一部で活用されています。深さ数十mから100m付近の地下の温度は、井戸水に見られるように通年14〜15℃と安定しています。これを熱源に使う場合、地中熱と呼んでいます。夏場は外気よりはるかに温度が低いので、地中に外気の熱い熱を捨てて冷房することができます。大きな温度差を安定して確保できるので、十分な省エネになりま

す。都市部で使われると廃熱が地中に分散されるので、ヒートアイランド現象の抑制にも貢献します。

　まったく別の方法として、異なる2種類の半導体をつないで電流を流すと、接合部の一端が冷やされる**熱電冷却**を使った面冷房の試作例もあります。

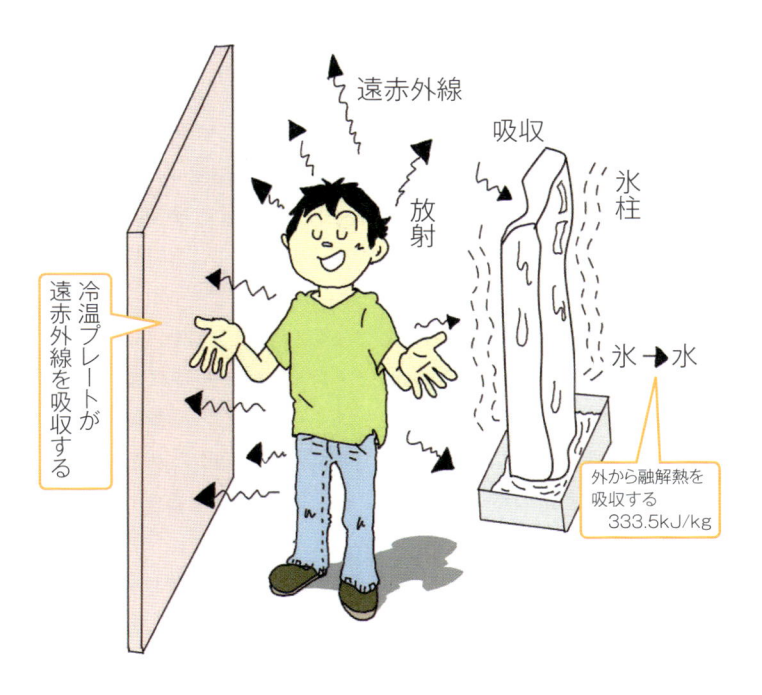

遠赤外線
吸収
氷柱
放射
氷→水

冷温プレートが遠赤外線を吸収する

外から融解熱を吸収する
333.5kJ/kg

図　人体は平均36℃前後の体温があるので、最大100W程度を遠赤外線として放熱しています。波長は4〜30μm程度の幅がありますが、9μmくらいで最大のエネルギーをもちます。この電磁波は体温以下の低い温度の物体にぶつかると吸収されます。その分熱を奪われることになるので、涼しく感じられるのです。これは風が吹いて感じるものとは熱の奪われ方が違います。トンネルや洞窟に入るとヒヤッとするのと、風に吹かれて涼しいと感じるのとの違いです

17 打ち水をするのは いつがいい？

　打ち水は、水の蒸発熱（気化熱ともいう）を利用して周囲を冷やすので、涼しく感じられます。熱くなった屋根に散水すると、水の蒸発熱で冷房負荷を減らすことができるのも、同じ原理です。

　昔からひしゃくや手やジョウロを使って、打ち水が行われてきました。場所は日陰か植物がベストです。屋外に水をまくのに適した時間は、早朝と日没直後です。早朝では、太陽による気温の上昇をおだやかにします。日没後は、路上の気温を下げるとそれ以上にはならないので、快適な夜をすごせます。植物の葉の裏の気温は下がっているので、それをさらに下げることで周囲との温度差を大きくし、涼感を引き立たせることができます。

　逆に、昼間は打ち水をしてはいけません。路面温度が高いので、まいた水が急激に蒸発して気温を下げますが、同時に湿度を増加させます。人の快適な体感温度は、高温時なら低湿度、冷温時はむしろ高湿度のほうがいいようです。1g（1cc）の水を蒸発させるだけで、$1m^3$の空気を約1.9℃下げることができます。うまく生活の中で活用したいものです。

　住宅や工場の屋根に散水して温度を下げる場合は、屋根からの熱が天井裏の空気を温め、ひいては室内の冷房効果を低下させるのを防止する目的で行われます。したがって、太陽の日照時（日の出から日没）を通して散水されますが、これはむしろ日中の強い太陽エネルギーを蒸発熱で和らげようとするものです。季節や場所および天候に左右されますが、東京周辺を考えると、散水しない屋根は最高40～65℃くらいにもなるようなので、散水条件しだいでは5～6℃低下させることができます。日照に合わせ

第2章 暮らしの中の熱のふしぎ

て散水の量をコントロールすれば、効率的な省エネルギーになるわけです。

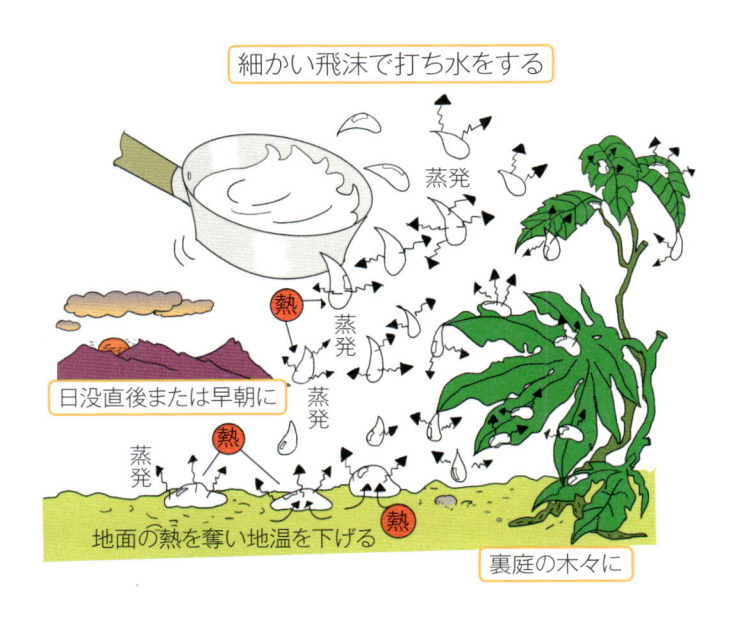

細かい飛沫で打ち水をする

日没直後または早朝に

地面の熱を奪い地温を下げる

裏庭の木々に

図 打ち水の細かい水滴は、まわりの空気から熱を奪い蒸発します。その蒸発熱で温度を下げます。打ち水する時間帯は、日没直後と早朝です。裏庭や木々の葉に散布すると効果的です

18 暑いときはシャツを着ていたほうが涼しいの？

　暑い室内で肌をだしたままでいると、汗が皮膚の表面から蒸発するため、蒸発熱がからだの熱を奪って涼しくなります。この汗の膜を絶えずふき取ってやれば、蒸発熱が直接肌を冷やすようになります。拭き取らないと、汗が表面張力で皮膚をおおってしまうため、効率が落ちます。

　シャツを着ていると、汗が繊維の細いすき間にしみ込んで薄い膜になるので蒸発が早くなり、また皮膚の表面の汗の量が少なくなるので、蒸発熱が効果的にからだを冷やします。

　シャツの材質は綿（コットン）素材がいいといわれていますが、その理由は、綿は1つひとつの微細な繊維が中空になっていて、表面がセルロースと呼ばれる分子が鎖状で細長く、しかも互いがねじれているので吸水性にすぐれるという性質があるからです。麻も綿と同様に吸水性にすぐれており、同時に放熱性にもすぐれます。こうした衣服を身につけると、発汗した汗を効率よく吸い取り、蒸発させて、熱をからだから奪うことができるのです。

　電線もビニールで被覆されていますね。もちろん、電気を絶縁して、ふれても安全なように被覆されているわけですが、実は被覆された電線のほうが熱をよく放出するので、電線が熱くなるのを抑える働きもあります。電線は汗をかくわけではないので、放熱のためには電線のままのほうがいいと思われるかもしれませんが、ビニールの被覆は電線の熱を熱伝導というかたちで吸い取り、外気に放出します。被覆すると放熱できる表面積が格段に大きくなるので、放熱効率もよくなります。

第2章 暮らしの中の熱のふしぎ

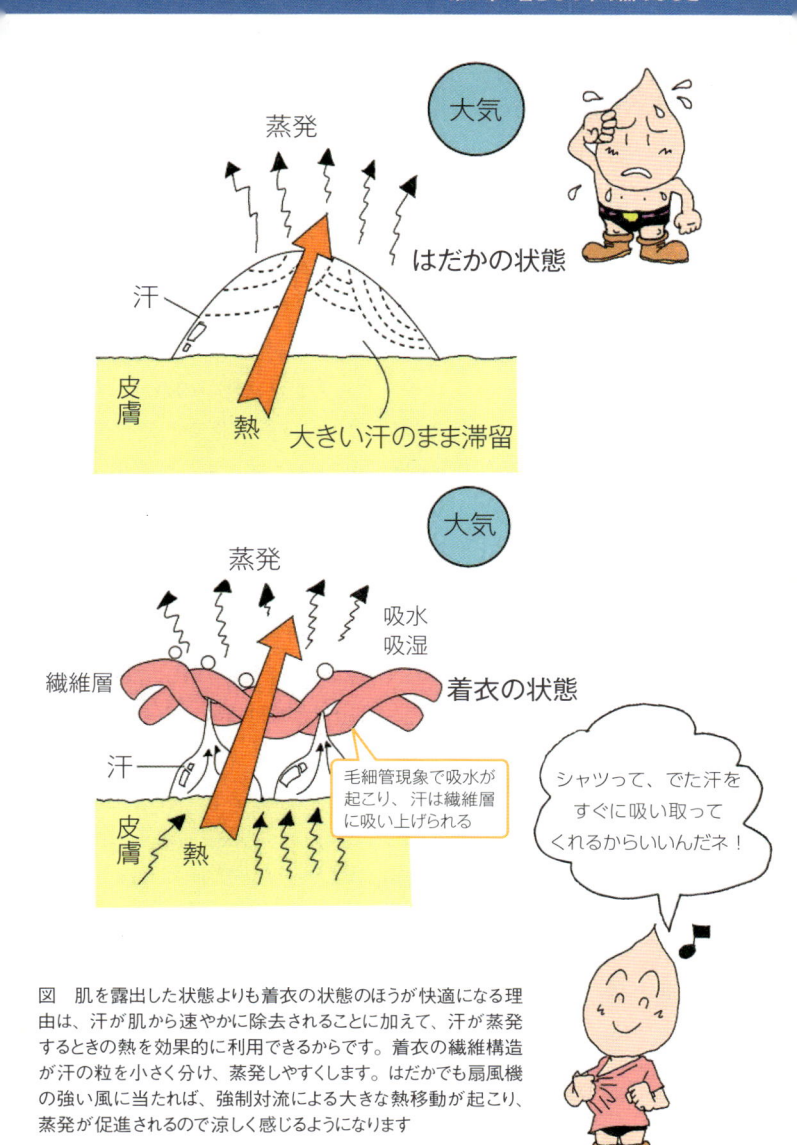

蒸発

大気

はだかの状態

汗
皮膚
熱
大きい汗のまま滞留

大気

蒸発

吸水
吸湿

繊維層

着衣の状態

汗

毛細管現象で吸水が
起こり、汗は繊維層
に吸い上げられる

皮膚
熱

シャツって、でた汗を
すぐに吸い取って
くれるからいいんだネ！

図　肌を露出した状態よりも着衣の状態のほうが快適になる理由は、汗が肌から速やかに除去されることに加えて、汗が蒸発するときの熱を効果的に利用できるからです。着衣の繊維構造が汗の粒を小さく分け、蒸発しやすくします。はだかでも扇風機の強い風に当たれば、強制対流による大きな熱移動が起こり、蒸発が促進されるので涼しく感じるようになります

19 涼しさを感じる繊維とは？

　暑い日中に汗だくで歩かなければならないときは、以前から携帯用クーラーがあればいいなと思っていました。ところが最近、身に着けるだけで涼しさが感じられる肌着が実現されました。

　これまで蒸し暑い夏の肌着の定番は、綿や麻の天然素材でした。確かにそれらは天然素材でも吸湿性や通気性の点ですばらしい性質をもっていますが、もう少しなんとかならないのかというのが実感でした。そこで、近年格段に合成技術が進歩した化学繊維が注目されたのです。各メーカーが開発に取り組んだ結果、天然素材のいい面だけを取り入れながら、軽くてしわになりにくく長もちする化学繊維のよさを兼ね備えた生地がつくられるようになりました。

　クーラーの涼風もなく、冷たいものが食べられない状況では、発汗して体内の体温調節機能を働かせようとします。ただし、それだけで十分な快適さを得るには限界があります。それを快適なレベルまで変えるには、1つは、したたる汗が皮膚にいつまでもべたべたついていないこと、次に、汗の蒸発熱を皮膚から奪うことで効果的に体温を下げること、さらに、皮膚表面が蒸れてきたらそれを感知して通気性を確保することが必要です。この3つの働きを備えた生地が、化学繊維の技術で生まれたのです。

　その特徴は、①凹凸構造をもたせることで皮膚との間に適度な空間を確保し、②毛細管現象を利用した吸水・速乾構造により汗を速やかに吸収して蒸発させ、③撥水性となめらかさにより多量の汗は繊維を伝って流れ落とせる多層構造の**多機能化学繊維**を使っていることです。綿繊維の太さは12〜28μmですが、この

化学繊維は0.7μmの極細繊維が入った層で構成されています。

　皮膚が汗ばむと生地が水分を吸収して伸び、通気性を高めるものもあります。このように、皮膚の状況に応じて生地の性質が変化する繊維で、クール肌着はつくられているのです。

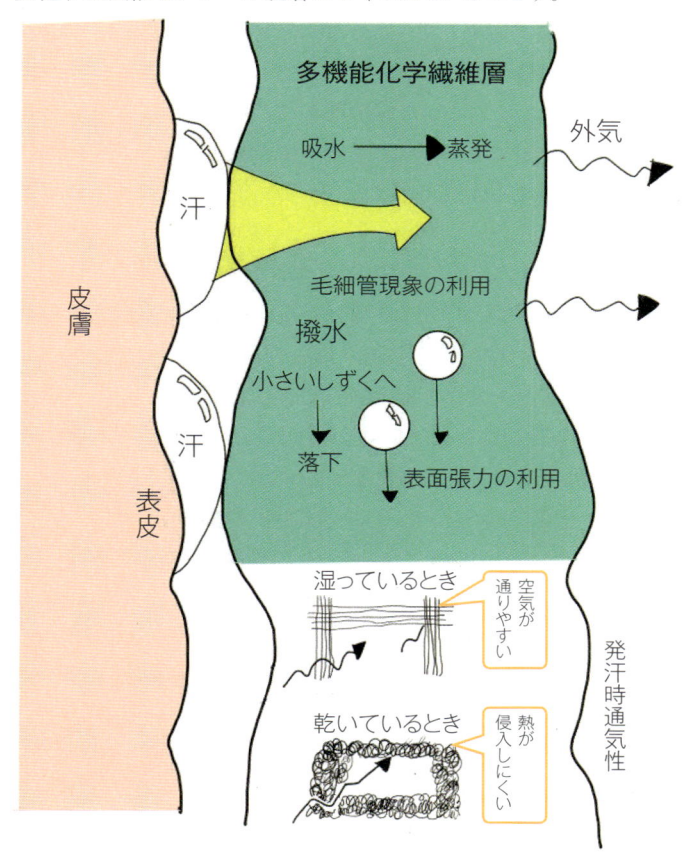

図中のラベル：
- 皮膚
- 表皮
- 汗
- 多機能化学繊維層
- 吸水 → 蒸発
- 外気
- 毛細管現象の利用
- 撥水
- 小さいしずくへ → 落下
- 表面張力の利用
- 湿っているとき：空気が通りやすい
- 乾いているとき：熱が侵入しにくい
- 発汗時通気性

図　シャツを着ることで、発汗した水分を速やかに毛細管現象で肌から引き離し、蒸発・消散させます。同時に、蒸発熱で熱を奪います。排除できないほど多量の発汗があるときには、水をはじく撥水性で落下させ、表面張力によって分散させています

20 保冷剤の正体とは？

ケーキなどをもち帰るときにドライアイスを使ったり、発熱したときに氷枕で冷やしたりするのは昔話になってしまいました。いまでは手のひらサイズから携帯電話の半分以下の大きさまで、冷たくカチカチに固まった**保冷剤**が使われるようになりました。保冷剤は、生鮮食品の宅配便や釣り上げた魚の鮮度維持にも使われ、美容のために肌を冷やす使い方もあるなど、利用の場が広がっています。

保冷材をやわらかくしたものは、氷枕の代わりになったり、スポーツ後のケアとしてアイシングにも使えるようになりました。冷蔵庫で保管すれば何度でも繰り返し利用できて経済的ですし、無害なので家庭や食品を扱う場所では必需品です。「冷たさを保つ」ための保冷剤は蓄冷剤とも呼ばれます。

保冷剤の正体は、**高吸水性ポリマー**です。ポリマーは「重合体」が本来の意味ですが、一般的には「高分子の有機化合物」を指し、合成樹脂で、ナイロンやポリエチレンの仲間です。高吸水性ポリマーは、水を3次元の網目構造の中に取り込むことができ、圧力をかけたくらいではもれないほど強固に吸水します。吸水量が本体の重量の10倍以上のものを「高吸水性」と呼んでいますが、実際には100倍から1000倍の純水を吸収するものもあるようです。

無色透明な**ポリアクリル酸ナトリウム**でできた高吸水性ポリマーが普及しており、約100倍の水を吸収します。吸水した状態で冷凍庫で凍らせると、−18℃ほどになります。この冷熱を保冷に使います。基本的には凍らせた氷と変わりませんが、水が網目構造に取り込まれて細分化されているので、温度が上がっても冷熱

がゆっくり外部に伝わっていき、水に戻っても浸みだすことがありません。網目構造が崩れないのが、何度も繰り返し使える理由です。

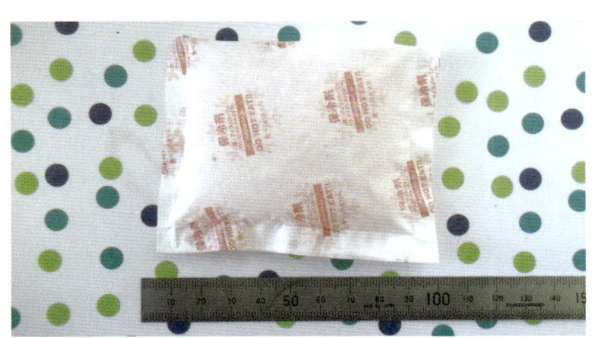

図1　保冷材の例

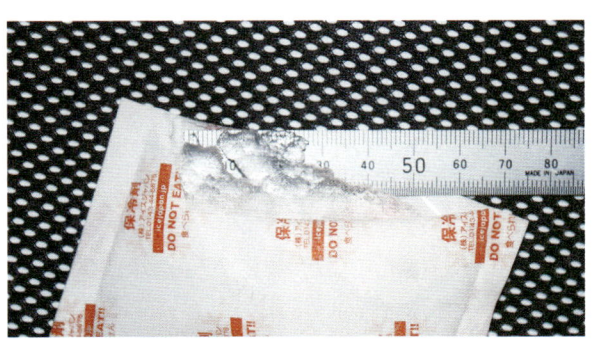

図2　冷熱を放出すると、保冷剤自体は液体に戻った水分を保持したままゲル状（だらっとした感じのゼリー状）になっていく

COLUMN 2
エネルギーのかたち

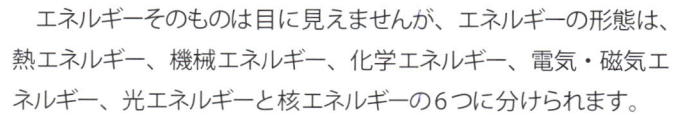

　エネルギーそのものは目に見えませんが、エネルギーの形態は、熱エネルギー、機械エネルギー、化学エネルギー、電気・磁気エネルギー、光エネルギーと核エネルギーの6つに分けられます。

　この中で**熱エネルギー**は、物質が気体や液体の場合は粒子の運動になり、固体の場合は結晶の振動になります。同時に、熱は電磁波に姿を変えて熱放射します。熱エネルギーの特徴は、その粒子の速さや方向が「でたらめでバラバラ」ということです。しかし不思議なことに、粒子の動きは、ある温度と粒子の重さに関係した分布則（マクスウェル分布則）にすべての物質が従っていることがわかっています。また、温度に対する電磁波の波長の分布も決まっており、**プランクの法則**と呼ばれています。

　機械エネルギーは直進や回転運動エネルギー、位置エネルギーと圧力差エネルギーの形態があります。**化学エネルギー**は分子の結合エネルギーで、それぞれの分子や原子の組み換えから化学反応が引き起こされます。また、濃度差エネルギーといった形態もあります。**電気・磁気エネルギー**はマイナスの電荷をもつ電子の運動によって、電気的な現象を引き起こします。また、磁石に見られる現象もあります。**光エネルギー**は、可視光の領域にある電磁波的な波のもつ性質と、光子という重さのない粒子的な働きをもっています。**核エネルギー**は原子核を構成する陽子と中性子の組み換えによって生まれるエネルギーで、放射線と呼ばれるアルファ粒子、ベータ粒子、ガンマ線がそのエネルギーを担っています。

第③章
キッチンまわりでの熱のうまい使い方

調理は熱をいかにうまく使うかにかかっています。熱の性質がわかると、ちょっとした工夫で食材の恵みを生かすことができるでしょう。

01 「焼く」料理のいい点は？

　「食材を焼いて食べる」ことは、生命維持のために食べやすくするだけでなく、「おいしく食べる」という食文化の始まりにもなったのだと思います。

　食材を**焼く**のはおいしく食べたいからですが、焼く食材には肉系が多いので、殺菌・消毒も重要な役目です。一般的な細菌はタンパク質が確実に変質する60℃以上で死滅しますが、O-157では75℃以上、猛毒のボツリヌス菌を殺すには98℃以上が必要といわれます。

　調理として「焼く」ときは、火から熱放射される赤外線を直接食材に当てて焼く**直火焼き**（網焼き、串焼き、トースター）と、火で加熱した金属板（おもに鉄板）に置いて熱放射と熱伝導で焼いたり、それにふたをして熱対流を使うなどの複合的な熱の伝わり方で間接的に焼く方法（フライパン焼き、鉄板焼き、オーブン焼き、ホイル焼き）があります。

　タンパク質の温度を上げていくと、58℃で固くなり始め、60℃で固まります。68℃くらいから水分との分離が始まり、肉汁が出始めます。表面を高温にして固くし、肉汁を中に閉じ込めることができるのが「焼き」の最大の特徴です。肉類の熱伝導率は水の70〜80%くらいなので、内部への熱の通りは比較的よいといえます。内部の温度に気を配ることも大切です。

　加熱速度を変えると細胞の収縮が変わることを利用して、ゆっくり加熱してジューシーな食感を残すなど、食材の味わい方をコントロールできます。その食材の料理に合わせて特徴をいかに引きだすかは、料理人の腕（アイデア）次第といえるでしょう。

第3章 キッチンまわりでの熱のうまい使い方

熱放射

タンパク質の硬化

脂肪分がやわらかくなる
肉汁がでる

熱対流

食材（肉）

熱放射

熱伝導加熱

金属板（鉄）

焦げ（こげ） ─ 150℃開始 / 180℃以上で加速

加熱源（ガス・電気・固形燃料）
炭火が最適

・固くする（汁流出防止）
・いい香り
・おいしくする
・腐りにくくする

↓

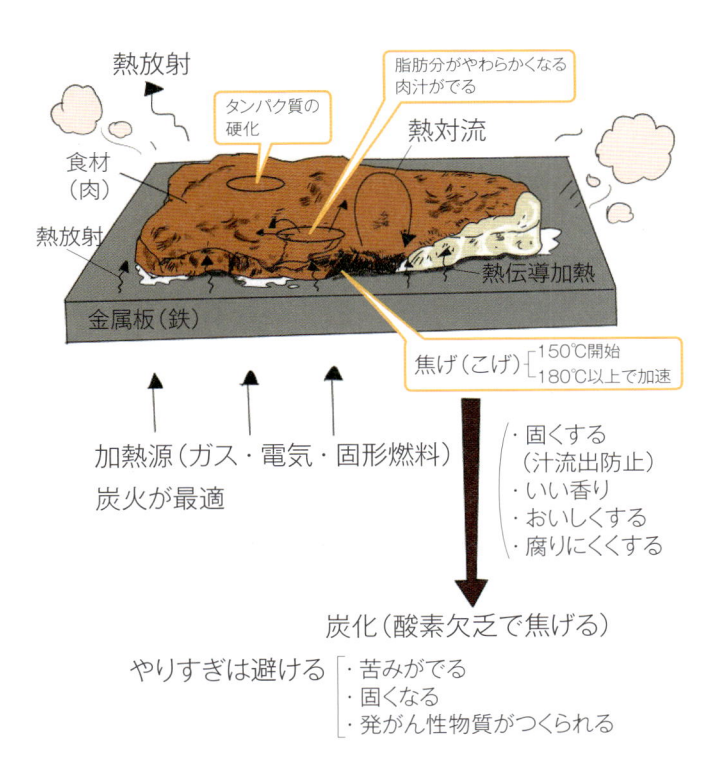

炭化（酸素欠乏で焦げる）

やりすぎは避ける ─ ・苦みがでる / ・固くなる / ・発がん性物質がつくられる

図　焼く調理には、ゆっくり加熱できる加熱源が望ましいです。表面が加熱され、内部に熱が伝わるにつれて、タンパク質の硬化、脂肪分の軟化、水分のにじみだしが起こります。表面は次第に固くなり、150℃くらいから焦げ目がついてきます。焦げ目はうまみや香りを増し、内部のうまみを閉じ込める役割もはたします。酸素欠乏状態の加熱では焦げすぎになりやすいので、注意が必要です

02 備長炭で焼くと おいしくなる理由は？

　炭火焼きといえば**備長炭**を連想しますが、炭火で焼くとおいしくなるのは、火力が強く、遠赤外線による熱放射で長時間じっくり安定して焼き上げてくれるからです。

　備長炭は、カシやヒノキなどを1000℃以上の高温で炭化し、灰と土を混ぜたもので包んでゆっくり冷やしてつくられた炭です。水分が少ないのが特徴で、紀州備長炭ウバメガシでは94.2％が炭素（C）という分析結果があります。発熱量も1kgあたり30000kJと、コークス並みの火力をもちます。1000℃まで安定して熱をだし、灰をかぶせれば500℃の温度を長時間保ちます。こうして安定した熱放射が得られるので、食材をうまく焼くことができるのです。

　焼き始めは、高温の1000℃の赤外線（最大エネルギーをだす波長は2μm付近）で食材の表面をカリッと焼き上げ、中のうまみ成分を閉じ込めて、炭に灰がかぶってくると熱放射の火力が下がり、波長4〜7μm付近にピークをもつ遠赤外線を放射します。熱放射は波長が長いほど食材への浸透が深くなります。大部分の熱は、高温の表面から熱伝導で内部に伝わりますが、遠赤外線が直接浸透する効果が味に貢献しています。

　顕微鏡で備長炭の断面を観察すると、0.1mmくらいの少数の細管と数μmの多数の細かい空洞（細孔）で構成されているのがわかります。酸素と燃料である炭素がすみずみまで触れ合う状態なので、きれいな燃焼が可能になります。

　都市ガスはメタンガス（CH_4）が主成分で、燃えると炭酸ガス（CO_2）と水蒸気（H_2O）になります。この水蒸気が食材の冷たい

部分に触れると、凝縮して水になって付着し、食材の味を損ねます。炭火ではそれがきわめて少ないため、食材本来の味を引きだすことができるのです。

炭の欠点は、固体燃料なので火をつけるのに時間がかかることです。火力が安定するまでには1時間くらい必要です。その過程で一酸化炭素（CO）という有毒ガスを発生する可能性があるので、屋外など換気できる場所で使うことが大切です。

図1 備長炭の外観。炭同士でたたいてみると金属的な音がします。鉄に近い硬度をもっています。炭の内部に多数の細孔をもっているため、周囲の水分などを吸収しやすい性質を利用して、消臭剤などにも利用されます

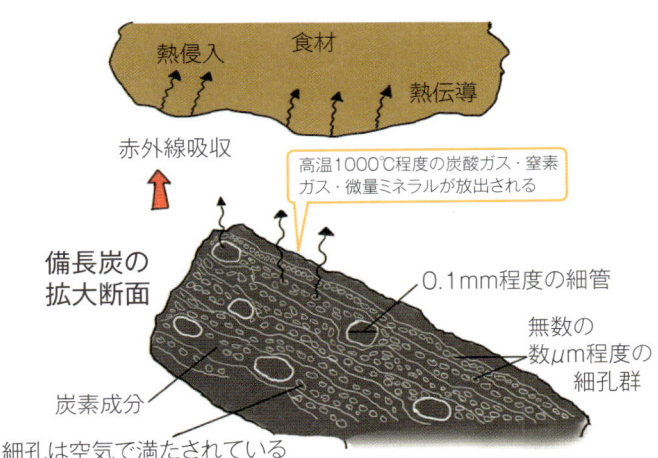

図2 備長炭の微細構造により、燃料である炭素と空気との接触が密になり、きれいに燃焼します。高温1000℃からの赤外線や、灰をかぶった状態での遠赤外線効果により、食材を安定して加熱できます

03 「蒸す」料理のいい点は？

　「蒸す」という調理法は、食材を100℃近い水蒸気中で一様に加熱する方法です。ガスや電気を熱源にして水を沸騰させ、その蒸気で食材全体を包み込んで、一定時間加熱します。水の沸点は1気圧中では100℃です。なぜ温度を上げると液体から気体に変わるかというと、液体の状態の水分子をつないでいるロープのようなものが切れてしまい、バラバラになるからです。それが水蒸気の状態です。ロープを切るには大きなエネルギーが必要です。このエネルギーを蒸発潜熱といいます。沸騰時には、エネルギーが液体状態の水分子の接続を切るためだけに使われるので、水そのものの温度は上がりません。このように温度が変わらないのに状態が大きく変化するので、「潜熱」といいます。この蒸気が大きいエネルギーを保有していることと温度が上がらないという性質を調理に利用すると、いい点があります。

　1つ目は、食材を100℃以下で加熱できるので、タンパク質やビタミン・無機質が食材から流出するのを少なくできることです。2つ目は、やわらかく壊れやすい食材を、動かさなくてもむらなく一様に加熱できることです。3つ目は、蒸気は水に戻るときに蒸発潜熱を凝縮潜熱というかたちで放出するので、調理時間が短くなり、また再現性の高い調理ができるので、失敗が少ないこともメリットです。

　調理中は蒸気をつくる部分の空焚きに注意が必要です。また、蒸発源と食材を近づけすぎると、蒸発前の高温の水が食材にかかり、うまく蒸すことができなくなります。

第3章 キッチンまわりでの熱のうまい使い方

図 蒸されている食材は、水蒸気と小さな水滴の集まりに取り囲まれています。これは水蒸気の一部がまわりから熱を奪われて液体に変わり、小さな水滴として混在しているからです。逆に、この状態をうまく使うことで、少し低めの温度(85℃くらい)で蒸す調理も工夫すれば可能です

04 蒸発と沸騰はなにが違うの？

　液体から気体に物質の状態が変化するという点では、**蒸発**も**沸騰**も同じです。変化が起こるときに蒸発潜熱が必要という点も同じです。違いは、蒸発は熱が供給されているかぎり液体と気体が接している表面で起こり、沸騰はその液体中で気体に変わり、小さな気泡が生まれる現象だということです。

　水を例にとりましょう。水の蒸発は、水が空気に接している水面で起こります。周辺の気圧と水の温度によって、水面の水分子が液体から蒸気に変わり、次々に大気に飛びだしていきます。

　一方の沸騰は、水の中で液体から気体（水蒸気）に変わる現象です。小さな空気の粒やごみなどの微細粒子が水中に混在していると、水の構造に乱れが生じ、水分子がはがれやすくなります。そして、蒸発に十分な温度になると、これが**相変化**を引き起こす起点になります。まわりの水から熱をもらって液体構造をどんどん壊していき、小さな水蒸気の泡が成長します。直径が数mmの気泡になると浮力を得て浮き上がり、水中を上昇していきます。小さな気泡がぷくぷくと立ち上っていく様は、**核沸騰**と呼ばれます。

　では、空気を含まないきれいな水を高温に加熱すると、どうなるでしょう？　小さな気泡の核となる固体粒子のようなものが水中にないので、エネルギーだけを吸収して液体のままとどまっている**過加熱**という状態になります。ある瞬間に前触れもなくガバッと大きな気泡が現れ、表面に突出するため非常に危険です。これを**突沸**といいます。突沸を避けるには、軽石や素焼片のような、小さな穴をたくさんもつ物体（沸騰石）を利用します。これは、

沸騰石にある小さな空気の粒を起点として水の沸騰を起こすものです。

液体から気体への相変化では、大きな体積変化を起こします。水の場合は約1600倍にもなります。

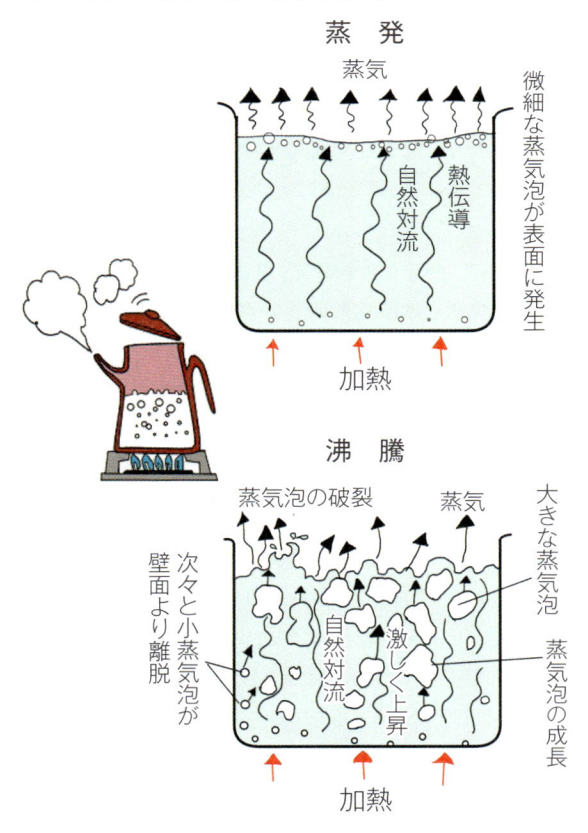

蒸発

蒸気

微細な蒸気泡が表面に発生

自然対流　熱伝導

加熱

沸騰

蒸気泡の破裂　蒸気　大きな蒸気泡

次々と小蒸気泡が壁面より離脱

自然対流　激しく上昇

蒸気泡の成長

加熱

図　蒸発は、水の表面から水蒸気が離脱していきます。沸騰も液体から気体に変化することは同じですが、液体の中に空気の粒子が付着したごみのようなものがあると、そこを起点として液体の水分子が気体に変化し、成長して浮力が勝ると空気とともに離脱して表面に向かいます

05 「煮る」料理のいい点は？

　「**煮る**」料理法は、固い食材をやわらかくし、消化吸収をよくする加熱法の1つです。1気圧のもとで水の沸点は100℃と一定なので、煮る場合は基本的に食材の温度は100℃以上に上がりません。100℃ではほとんどの有害な細菌が死滅するので、安心して食べることができます。温度による食材の変色が見映えを損なうこともありますが、逆に煮ることによって鮮やかな色を引きだせる食材もあります。

　水に調味料を入れて加熱する場合を「煮る」といい、食材に希望の味つけができますが、水溶性の栄養分が水に溶けだすこともあります。水だけで煮る場合は「茹でる」と表現します。これは調理の第1段階で「あく抜き」に使われたりもします。

　食材の中でも豆類は比重が1.2前後で、ジャガイモ、人参、トマト、肉類などは水よりやや大きい程度（1.04〜1.07）の比重ですが、体積分の浮力により水中に浮かんだ状態で煮ることになります。下からの加熱で高温になった水は軽くなって上方に移動し、相対的に冷たい水は下方に押しやられるので、熱対流が起こります。これにより効率のよい調理ができますが、高温になると水が激しく流動するので煮くずれに注意が必要です。

　煮ると食材はほぼ完全に水に囲まれて加熱され、90℃を過ぎると気泡がでてきて、部分的に沸騰するようになります。さらに煮立てると激しく気泡がでて、ぐらぐらとお湯が暴れるように動き、水蒸気の発生も激しくなります。食材は60℃以上でタンパク質成分が固まり始め、脂肪分は溶け始め、植物繊維はやわらかくなります。煮る場合の注意点は、水の蒸発をともなうので、

煮汁が濃縮されることです。その蒸発量は鍋の大きさと食材の量に関係するので、ふたを開放したままとか、落としぶたや密閉するか適宜選択する必要があります。

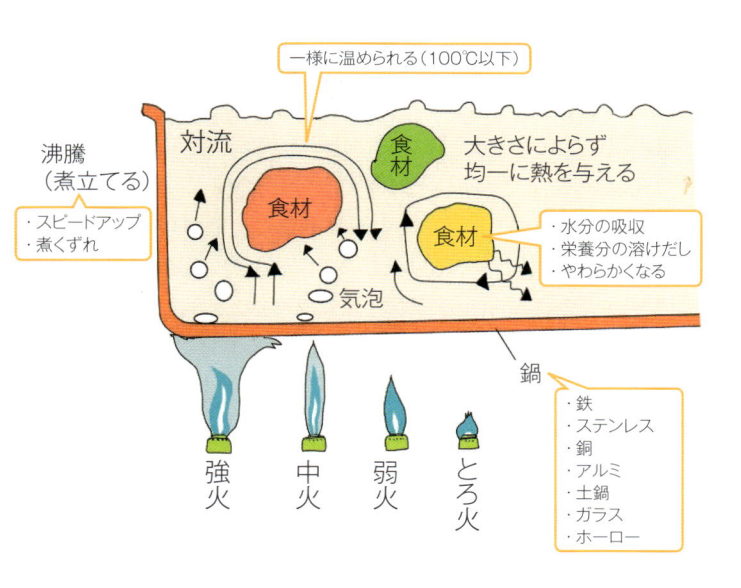

沸騰（煮立てる）
・スピードアップ
・煮くずれ

対流
一様に温められる（100℃以下）
食材
気泡

大きさによらず均一に熱を与える
・水分の吸収
・栄養分の溶けだし
・やわらかくなる

強火　中火　弱火　とろ火

鍋
・鉄
・ステンレス
・銅
・アルミ
・土鍋
・ガラス
・ホーロー

図　煮る場合の熱の伝わり方は、自然対流と沸騰による撹拌作用で行われます。水の沸騰温度の関係から、加熱は100℃以上にはなりません。料理に合わせて火の強さを加減することが必要で、必要以上にぐらぐらと煮立てることは避けます。鍋の素材はいろいろありますが、表面加工された鉄やアルミが一般的です

06 「炒める」料理のいい点は？

　「炒める」という調理法は、加熱したフライパンに少しの油（ときにはバターやマヨネーズ）を入れて、強火でさっと食材をかき混ぜながら短時間で加熱する方法です。炒める目的は、高熱・短時間で調理し、表面をパリッとさせて、食材中のうまみやビタミン類をなるべく壊さずに閉じ込めることです。それは、高温の油膜の熱が食材を包み、表面から水分を蒸発させて、すみやかに抜き取ることで実現しています。

　油の温度は160〜180℃くらいで、ときには200℃にもなります。この高温の熱で、食材の表面層の水分を100℃以上にして蒸発させ、外部に放出します。水の蒸発潜熱は、液体の水1gを1℃上げるための熱量の500倍以上なので、油の高い温度でも、きわめて薄い表面層から水分を取り除くのみです。油のもつ熱と水の蒸発熱の関係から、1回の接触での水の蒸発量は油の量の6%弱にすぎません。そのため手際よく、手早く均等にかき混ぜて、食材に絶えず新しい高温の油膜が接触できるようにすることが鉄則です。できるだけ短時間で調理をすませ、食材の種類や調理の目的に合わせて、かき混ぜる時間を調整します。炒め中は蒸気をすみやかに外にだすためふたをしません。

　炒めると短時間で調理でき、使う油の量も少なく経済的です。熱に弱いビタミン（A、E、C、B_1）を含む緑黄野菜やレバー、豚肉、卵黄などの調理に適します。欠点はそれほどありませんが、火の通りが悪い食材や味が浸み込みにくい食材は、事前に切れ目を入れるなどの手間が必要です。まわりに細かい油滴が散らばるので、放置すると掃除が大変です。

第3章 キッチンまわりでの熱のうまい使い方

160〜200℃
油滴

次の油滴

水蒸気 100℃

油滴

100℃に低下して飛散する

水分

食材表面

食材を動かすことが大事

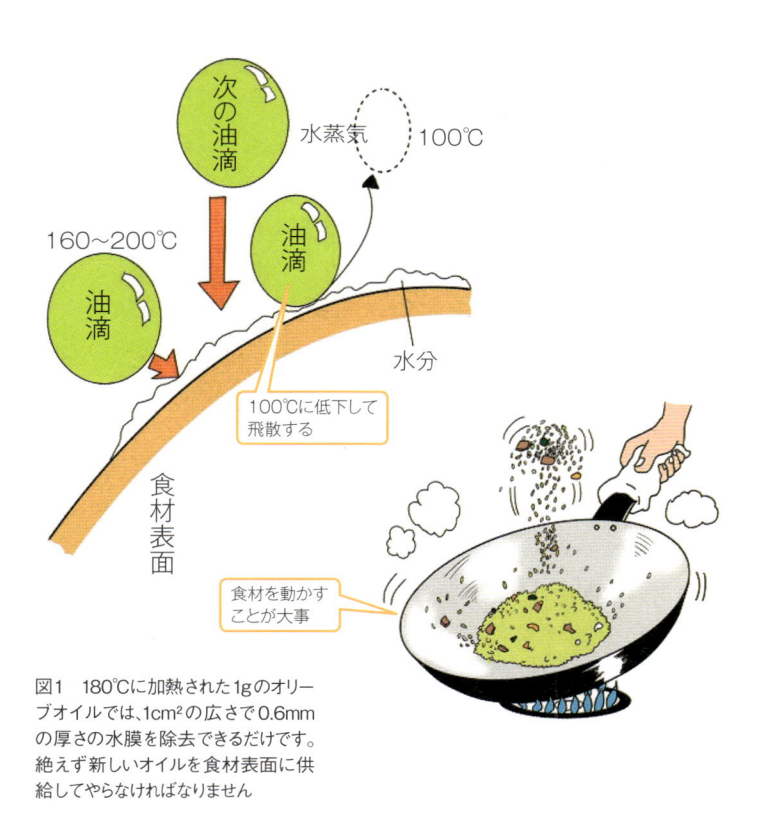

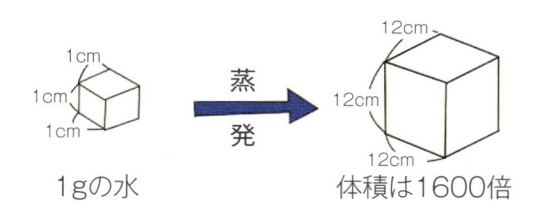

図1　180℃に加熱された1gのオリーブオイルでは、1cm²の広さで0.6mmの厚さの水膜を除去できるだけです。絶えず新しいオイルを食材表面に供給してやらなければなりません

1cm / 1cm / 1cm
1gの水

蒸発 →

12cm / 12cm / 12cm
体積は1600倍

図2　液体である水が水蒸気になると、体積は1600倍以上になります

07 「揚げる」料理のいい点は？

　食材を「**揚げる**」のは、油という沸点の高い液体の中で食材を加熱する調理法です。揚げることで、食材の中から水分をすみやかに追いだし、高温でタンパク質を変質させて焦げ目をつけ、うまみ成分をつくりだすことができます。つまり、高温で表面から固くなるので、内部は熟成されたやわらかさが増し、栄養素やうまみ成分が流出することもありません。また、高カロリーの油を含ませるので、調理後の食材のエネルギー価を高くできます。

　調理における「揚げる」は、植物性の油（菜種油、大豆油、サラダ油（コーン油）、ごま油、オリーブオイルなど）を150～180℃くらいの範囲の高温で用い、短時間で食材を調理する方法です。食材を高温の油が取り囲み、熱の対流と接触による熱伝導で、食材の内部から一気に調理します。食材からは水分が蒸気となって取り除かれます。まず表面が固くなるため、内部のうまみ温度（肉類であれば65℃前後）をコントロールできます。

　油を使うときの熱の観点からの注意点は、水と違って油は加熱すればどんどん温度が上がることです。**発火点**は370℃くらいで、酸素（空気）があれば燃えだします。そのため、火力の調整、鍋の中の油の量、一定の温度を保ちやすい形と素材の鍋の選定、調理中に食材を動かす、などを行わなくてはいけません。また、**油の発煙点**からも温度管理は欠かせません。発煙点とは、油から煙が出始める温度の意味で、油が分解し始める温度です。ごま油の発煙点は180℃でオリーブ油は210℃と種類によって変わりますし、使い古された油は発煙点が下がるといわれています（燃えやすくなる）。

油は1gあたり9.21kcal（38.6kJ）のエネルギーをもちます。食材への油の付着量は調理の仕方によって変わり、食材本体の重さに対して、素揚げ（3～5%）、から揚げ（6～8%）、天ぷら（15%）の順に増え、パン粉をつけた衣揚げでは15～20%に及ぶといわれています。

水蒸気

150～180℃
熱対流
食材本体
衣
熱伝導
水分蒸発
高温により衣の表面が固くなる

加熱

鍋
（鉄）
（アルミ）

・うまみを閉じ込める
・サクサク食感

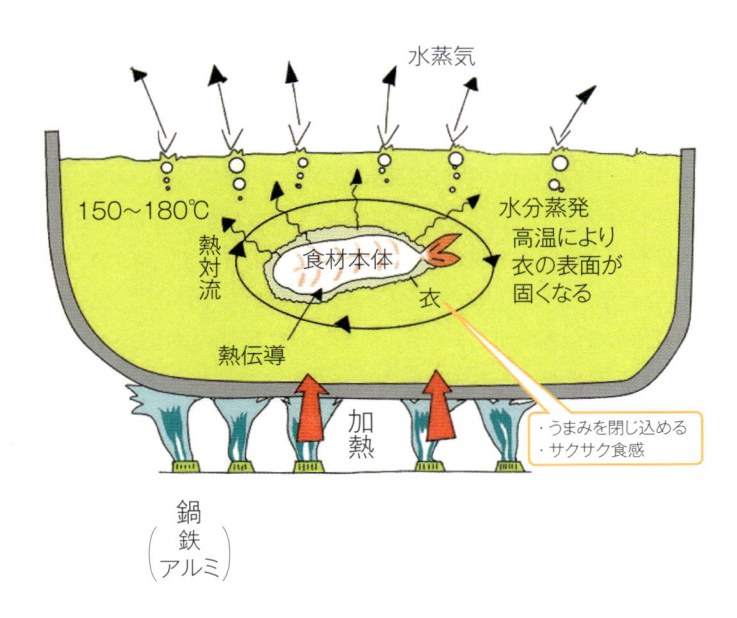

図　通常は150～180℃の温度の油で食材を一様に包み込み、食材内部の水分を強制的に蒸発させて取り除きます。熱が侵入すると表面が固くなり、内部のうまみを閉じ込める役割をはたします。表面がカリッと仕上がる独特の食感が得られます

08 「燻す」ことのメリットはなに？

　食材を「燻す」とは、特定の木材の成分を空中に揮発させ、それに食材をさらして調理し、保存するための1つの方法です。

　キャンプなどで、森で集めた枯れ木の枝や薪を使って火を起こすときに、なかなかうまく燃えず、煙ばかりになった経験のある人も多いと思います。これは、モノが発火点に達して着火しても、熱量が少ないとまわりにその熱がとられてしまい、すぐ発火点以下に温度が下がってしまうからです。

　木材は有機物なので、植物繊維層の間にいろいろな物質を含んでいます。それらの物質の発火点温度は一様ではないので、部分的に発火点に達しても、火力を調整すれば燃焼には至らず、水分や揮発成分が空気に混合されるだけになります。サクラ、オーク（ナラ、カシワ）、ブナ、リンゴ、クルミ（ヒッコリー）などは、木自体もよい香りがしますが、燻すと煙に独特の香りが含まれ、殺菌や防腐効果のある成分も含まれます。

　食材をこうした木材の煙にさらすことで、表面から熱とともにゆっくり煙成分が浸透するので、煙に含まれる香りと有用成分で、独特の風味のある食材に変えることができます。食材を燻製にするこうした方法は、温燻法と呼ばれています。30℃から80℃くらいの温度の煙に、食材を数時間程度さらしてつくる方法です。温度や時間は食材の種類や好みで変わってきます。温燻法以外にも、これより低温の煙にさらす低燻法や、80℃から120℃くらいの高温の煙を使う熱燻法があります。

　燻すことで、食材の香りや色さらには独特のうまみを生みだし、食材によっては長期保存も可能になります。

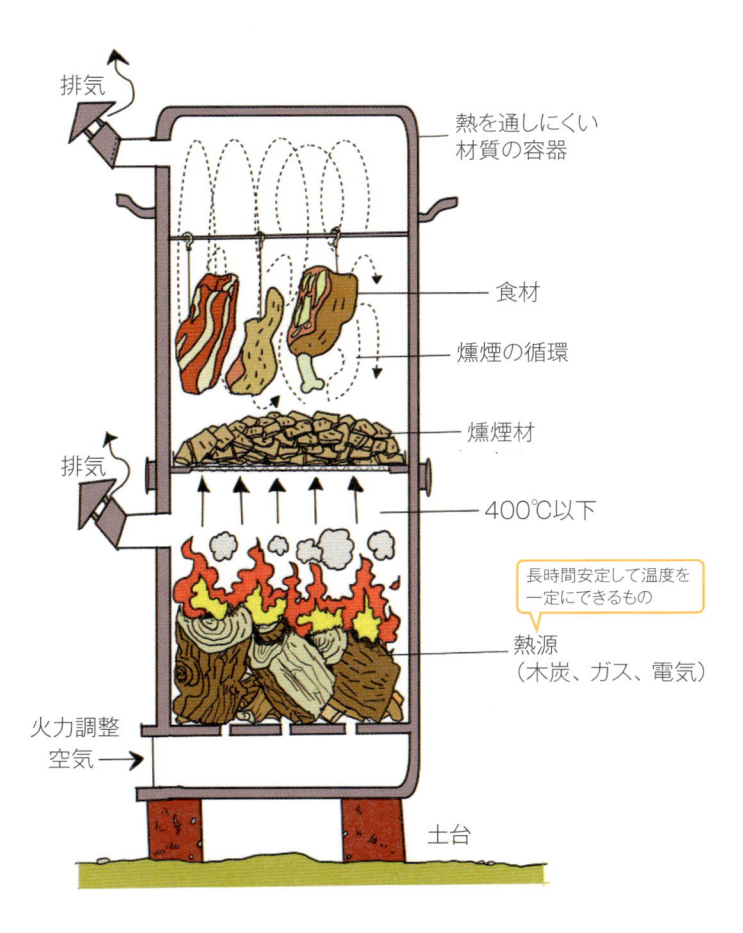

第3章 キッチンまわりでの熱のうまい使い方

図中ラベル：
- 排気
- 熱を通しにくい材質の容器
- 食材
- 燻煙の循環
- 燻煙材
- 400℃以下
- 排気
- 長時間安定して温度を一定にできるもの
- 熱源（木炭、ガス、電気）
- 火力調整 空気→
- 土台

図　燻製用かまどは、煙をだすための木材（燻煙材）から均一に煙がでる最適な温度で安定して加熱できるような構造をもっています。木炭、ガス、電気などの熱源が適しています。ほぼ純粋な炭素である木炭は発火点が320〜370℃で、空気量により安定した温度調節が可能です。適度な有機物の微粒子が発生しやすく、30℃から120℃程度の間で食材に合わせた燻煙温度を一定に保ちます。燻煙材を木材の発火点（400〜470℃）以上にしない温度管理が重要です

09 土鍋を活用したい理由とは？

　土鍋はおもに煮物に使います。素材が陶器（土を固めて焼いたセラミックの一種）でできているため熱伝導率が低く、また割れやすいので比較的肉厚につくられています。丸底のものがお勧めで、ふくらみのあるふたも大事な要素です。

　煮物で重要なのは、食材のまわりの熱が均一になっていることと、時間をかけて調理することが多いので、エネルギー効率が高い鍋を使うことです。

　土鍋の丸底は、下からの火炎のまわりがよく、一様に加熱する面積が広くなるため、中の温度がむらになりにくい形状です。これは外部からの熱を有効に使うことでもあるので、長時間加熱する煮物では省エネ効果が大きくなります。

　土鍋は、取り込んだ熱を逃がしにくいという特徴もあります。それは、土鍋の熱容量が大きいからです。この熱をため込んでおける量は材質の比熱と鍋の重さに比例しますが、陶器の比熱は鉄に比べて2倍強あり、厚手なので重くなり、熱容量が大きくなって冷めにくくなります。逆に加熱には時間がかかりますが、調理時間が長いので、その影響はわずかです。中の水はゆっくり熱対流するので、食材を壊すことなく一様に保てます。

　ふたが湾曲しているので、蒸発した熱が外に逃げだすのを防ぎ、水蒸気を効果的に対流させて熱を再利用できます。煮汁の濃度を一定にする効果もあります。

　ふたの上部のつまみにスリットが入っていると、フィンと同様の役目をして放熱を促進します。すると、つまみの温度が下がり、容易にもち上げられます。

第3章 キッチンまわりでの熱のうまい使い方

放熱効果でもちやすい

鍋ぶたの形も大切な働きをしている

気中の熱対流

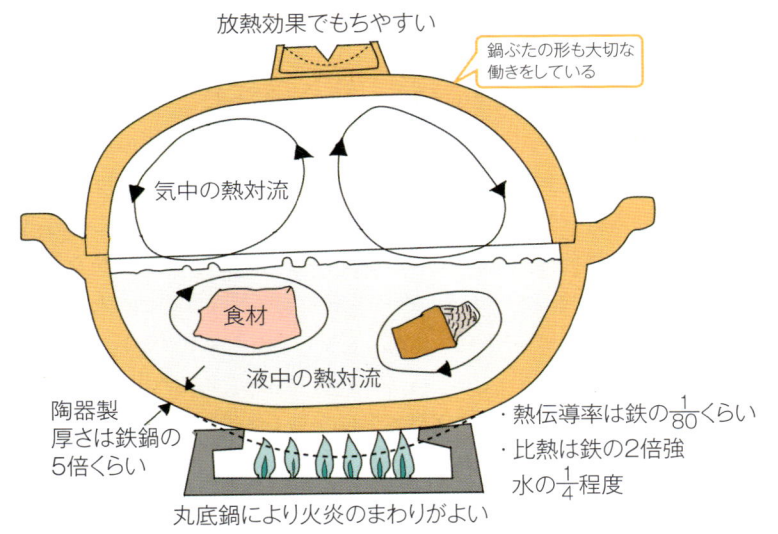

食材

液中の熱対流

陶器製
厚さは鉄鍋の5倍くらい

・熱伝導率は鉄の$\frac{1}{80}$くらい
・比熱は鉄の2倍強
　水の$\frac{1}{4}$程度

丸底鍋により火炎のまわりがよい

図　土鍋は鍋料理に使われ、基本的には煮物用です。鍋底を均等に加熱できる丸底鍋が基本の形です。底が丸くなっていると、食材を煮る水の量を減らせる容積効果もあります。内部は煮汁の熱対流と、上部の気中の熱対流によって加熱されるので、長時間の調理に向いており、熱容量が大きいので冷めにくいという特徴があります

多層の金属を使い、土鍋の特徴をもった金属鍋が出始めているようだ。IHでも使えるらしいから、時代は動いているということかな…

10 圧力鍋を勧める理由

　かなり長時間煮込まなければならない食材でも、圧力鍋を使うと短時間で調理できます。これが実現できるのは、水の沸騰は大気圧（1気圧）では100℃ですが、圧力が変わると沸騰温度が変わる性質を圧力鍋が利用しているからです。料理に使われる食材の多くは水分を多量に含み、炭水化物、タンパク質、脂肪などからできています。これらはある一定の温度に達すると、人が消化しやすいかたちに変化します。食材に含まれるビタミン、無機質などは加熱に弱いものがありますが、この点は通常の調理でも同じです。また、圧力を上げて温度を高くすることにより、殺菌効果を徹底することができます。

　水を2気圧の環境に置くと、沸騰温度が120℃くらいになります。130℃にするには2.66気圧、150℃には4.7気圧程度が必要です。調理であまり高圧にすると取り扱いが危険になるため、現在は最大でも2.45気圧（沸騰温度128℃）程度にしているようです。水に高い圧力を与えて、できるだけ液体の状態のまま食材に熱を与え、脂肪やタンパク質、炭水化物を低分子構造のかたちにしたり、食材の細胞壁を壊したり、また水溶性にして、食べやすく胃や腸で消化や吸収しやすい構造の物質に分解し、短時間で調理するというわけです。

　圧力鍋は、高温になりしかも圧力がかかっているため、取り扱いに注意が必要です。圧力鍋での調理は、ガスを点火（電気式ならスイッチオン）して加熱し、圧力調整機能が蒸気の圧力によって働き始める加熱過程、その圧力をかけ続ける加圧過程、火力を止めて高温・高圧状態をなりゆきに任せておく蒸らす過程、温

第3章 キッチンまわりでの熱のうまい使い方

度が低下してほぼ大気圧に戻る減圧過程という手順を踏みます。直径18cmくらいの小型でも、2気圧に設定された状態では、お鍋のふた全体に約250kgという力が加わっています。しっかり鍋の内部を減圧してからふたを開けるようにしてください。通常の調理での加熱時間は半分から$\frac{1}{4}$くらいに短縮され、密閉保温状態ということで、エネルギーの節約にも効果があります。

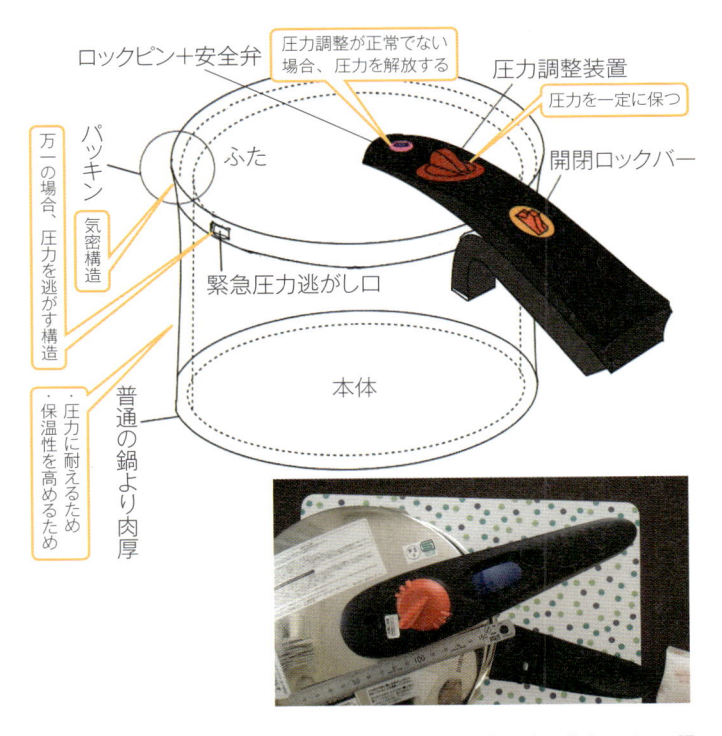

図の各部名称:
- ロックピン+安全弁
- 圧力調整が正常でない場合、圧力を解放する
- 圧力調整装置
- 圧力を一定に保つ
- 開閉ロックバー
- パッキン
- ふた
- 万一の場合、圧力を逃がす構造
- 気密構造
- 緊急圧力逃がし口
- 本体
- 普通の鍋より肉厚
- ・圧力に耐えるため
- ・保温性を高めるため

図 圧力鍋は、2気圧程度の圧力で食材を加熱して、100℃以上に熱することで、調理時間を半分から4分の1くらいに短縮できます。気密で圧力に耐える構造と、安全に調理するための圧力調整装置や安全装置がついています。調理後にふたを開けるときは、圧力が十分下がっていることを確認することが必要です

11 IH調理器はどうやって加熱する？

　IH（インダクション・ヒーティングの略）調理器は、**誘導加熱**という方法で熱をつくりだしています。原理を説明しましょう。電流を流せる状態の電線AとBを用意して、近づけておきます。電線Aに直流の電流を流すと、電線Aの周囲に磁界ができます。電線Bに電流計をつないで輪をつくっても、そのままでは電流計は振れません。電気の流れている電線Aのスイッチを切ると、その瞬間だけBの電流計が振れます。つまり電流が電線Bに流れたのです。これが誘導電流です。電流の方向を逆にして同じように電流を切ると、その瞬間に電流計が今度は逆方向に触れます。このような電流のことを**渦電流**といいます。電流計のついている電線Bが電気抵抗をもっていると、電流はその抵抗によってヒーターのように熱に変わります。これが誘導加熱です。

　IH調理器では、磁界を発生させる電線をコイル（電線をらせん状にぐるぐる巻いて磁界の強さを大きくしたもの）にしています。電流を毎秒2万〜5万回くらいオン・オフさせて、鍋底に渦電流を発生させ、これが熱に変わるので調理ができます。鍋底の材質は、渦電流が流れて発熱するのに適当な金属材料が必要です。通常は鉄が使われています。加熱効率を上げるために、コイルと鍋底をなるべく近くに密着させることや、適切な鍋底の材質選びが大切です。投入する電力からどれだけの熱を得られるかを**加熱効率**といいますが、おおよそ85％程度になります。電流のオン・オフの切り替えには**高周波インバーター**といわれる回路が使われ、加熱温度はその1秒あたりの切り替え回数（周波数という）で決まります。

第3章 キッチンまわりでの熱のうまい使い方

　IH調理器は直接火を使わないメリットがあります。調理したあとに鍋底のあったところは熱くなりますが、それは調理で食材や鍋全体が温まったためです。IHジャー炊飯器もあり、こちらは鍋底だけでなく側面やふたにもコイルを取りつけ、温度の均一化を図るなど工夫されています。

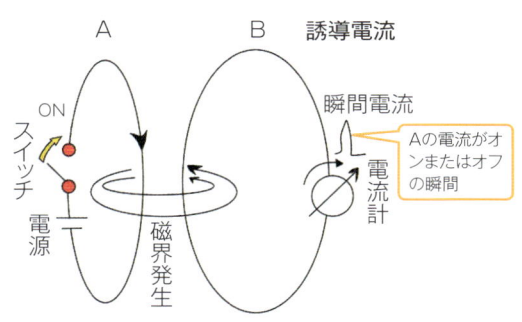

図1　Aの回路の電源スイッチを切り替えた瞬間に起こる磁界の時間変化が、Bの回路に電気を誘導します

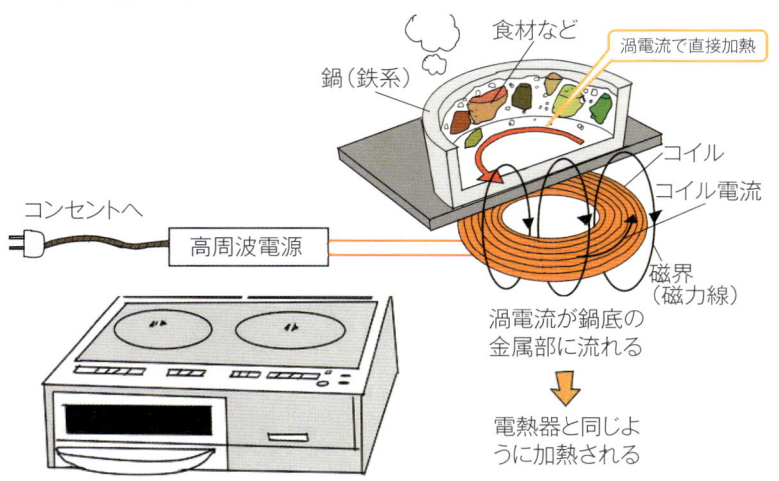

図2　誘導された電流が抵抗のある金属体に流れると、電熱器と同じ原理で発熱します

12 電子レンジはどうして加熱できるの？

電子レンジは、**マイクロ波**という電磁波を使って食材の水分に直接働きかけ、電磁波のエネルギーを熱に変えて、食品の内部から加熱します。

真空中では電磁波のエネルギーは損失なく伝わりますが、物質にぶつかると反射、吸収、透過が起こります。その状態は、電磁波の振動数（1秒間に波が何回繰り返されるかを示す数で、**周波数**ともいう。単位はHz：ヘルツ）と、物質の電気にかかわる性質によって決まります。

電子レンジに使われる電磁波は、電波法により2.45GHz（ギガヘルツ）が割り当てられています。この電磁波の振動と、食材の水分子のかたまりの電気的性質（分極）との相互作用によって、水分子のかたまり同士の間に振動のずれが起こり、摩擦熱が発生します。

この電磁波の周波数は、金属は反射し、絶縁物では透過します。当然、空気もその中の水分を除けば透過するので、ほとんど影響されません。数百W（ワット）から1kW級のパワー（毎秒あたりのエネルギー量）をだすために**マグネトロン**という発信機が使われ、アンテナから電子レンジの中の食材に照射されるようになっています。マグネトロンの発信効率は約70％で、電子レンジ全体の加熱効率は50％くらいです。

電磁波が働きかけるのは水分なので、加熱温度の上限は、水分があるかぎり100℃以下です。電磁波は食材の表面から内面まで水分のあるところで発熱させるわけですが、食材表面の加熱むらを避け、電磁波を均一に照射するように、食材をターンテーブ

第3章 キッチンまわりでの熱のうまい使い方

ルで回転させたり、マイクロ波の電界を反射・撹拌（スタラ・ファン）する結果、食材の中心部分に電磁波がたくさん集まります。したがって中心部分の温度が高くなります。食材によって加熱の時間が変わるのは、食材の電気的性質の違いによりますが、塩分が多いものは早く、乾燥気味のものは遅くなります。

マイクロ波

ちん♪

電界
磁界

2.45GHz → 1秒間に24億5000万回の振動

⬇

水分子の集合体間のぶつかり合いを引き起こす

摩擦熱
水分子のかたまり
食材内部

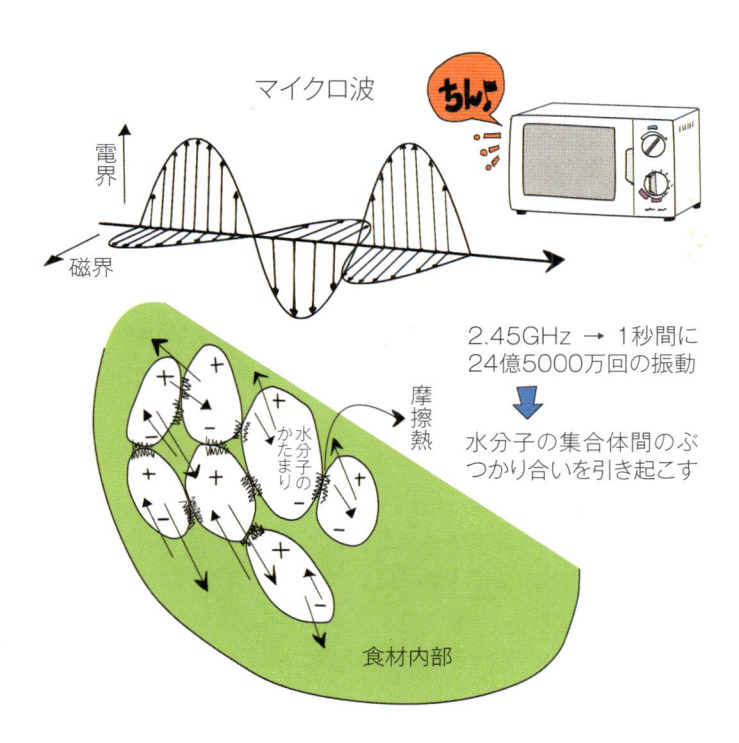

図 マイクロ波の2.45GHzによる振動が水分子の集まりに対してうまく作用できるので、その集合体間の相互の動きから熱に変換できます。この波長を大きく外れてしまうとうまく加熱できません。最近のスマートフォンは0.7〜2GHzの領域で通信をしており、波長的にはかなり近い電磁波といえますが、パワーはまったく違います

13 食材を冷凍保存するときに知っておきたいこと

　食材を低温、特に冷凍にする理由は、食材の長期保存のためです。単に保存するだけでなく、使いたいときにそれを元の状態に戻し、調理するところまでを考えた保存が必要です。

　細菌の増殖は、低温にすると極度に抑制することができます。温度が低いほど安全ですが、1年間の保存を目安にすると、-18℃凍結が多くの場合で採用されています。食材のほとんどは70〜80％の水分を含み、ときには90％にも及びます。不純物のない水なら0℃で氷結しますが、細胞の中の水分には酵素やアミノ酸など多くのものが含まれています。溶けている物質を**溶質**といい、氷結する温度を**凝固点**といいますが、この温度は溶質の濃度に比例して下がります。塩分を約3％ほど含む海水は0℃では凍らず、-1.8℃くらいが凝固点です。食材の場合、凝固点は-5〜-1℃程度になります。

　凍るとは液体が固体に変化することなので、**凝固熱**が必要です。凝固熱の逆は**融解熱**で、これは**蒸発熱**と**凝縮熱**の関係と同じで、物質の状態変化を表す言葉です。水を凍らせるためには、1kgあたり335kJ（80kcal/kg）の凝固熱を水から奪わなくてはなりません。

　さらに氷の比重は0.92なので、体積が1.087倍増加します。水が凍結すると水道管が破裂するように、細胞が凍結すると体積が膨張して破壊されてしまいます。これでは元に戻すことができません。このため、冷凍するにも工夫が必要になるのです。

　氷の結晶が成長する温度帯は、**最大氷結晶生成帯**と呼ばれます。これは氷結開始時点から、80％が氷の結晶に変わるまでの時間を指していて、そこをいかに短時間で切り抜けるかが問題です。

現在では**急速冷凍法**を採用して、通常6時間ほどかかるところを30分以内で行うようにすることで、氷の結晶の大きさを小さく抑え、品質の高い冷凍が達成されています。

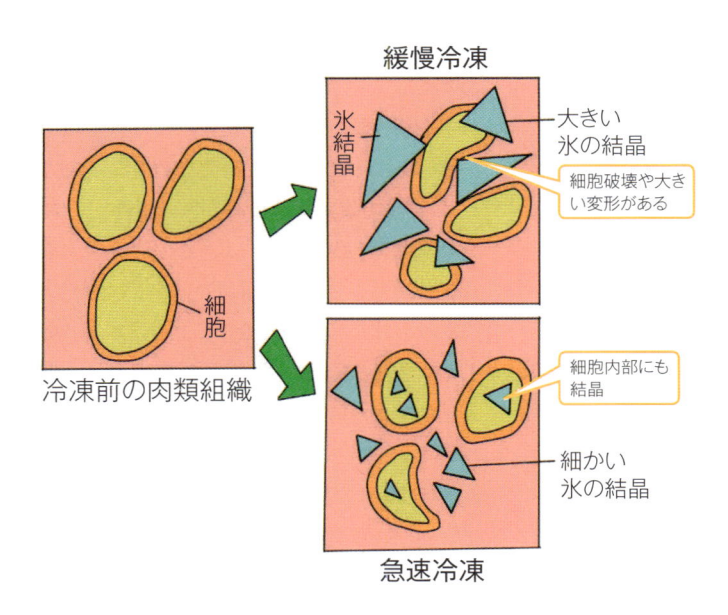

図 水を凍らせるときは、0℃の水を80℃にまで上げるのと同じ熱量が必要です。まわりの水からどれくらいの時間をかけてこの熱量を吸い上げるかで、凍結時間が決まります。100gの水（食材のほとんどは70〜80%の水分を含む）を−18℃にまで凍結するときに、6時間かけられれば2.3Wですみますが、30分で凍結させるには276Wが必要です。ゆっくりした冷凍（緩慢冷凍）では、氷の結晶が大きくなり、細胞の外に成長するので細胞を破壊します。急速冷凍では微細な結晶が細胞の内外につくられるので、解凍時の食材のダメージを小さくできます

14 水は0℃以下でも凍らないことがある？

　答えはイエスです。確かに、通常の冷却方法によれば水は0℃で氷に変わります。水にとっては、それがいちばん安定する状態だからです。ところが、水が0℃以下でも凍らない状態がまれにあります。この現象が起こる理由は、0℃以下であっても水分子の集まりが一時的に安定した状態にとどまっているからです（**準安定状態**にあるという）。この状態を**過冷却**といいます。この状態は強固なものではないので、過冷却水に外部から振動などの物理的な刺激を与えると、ただちに本来の安定状態である氷に移行します。

　水が外部から冷やされて凍り始める過程に、過冷却現象が現れる秘密があります。水が凍るためには凝固熱（融解熱と同じ）が必要です。1kgの水を凍らせるには、水を1℃上げるエネルギーの約80倍の335kJという大きな熱の移動が必要です。通常の冷却方法で凍るときは、小さな水分子の集まりから急に大きな熱が奪われ（冷やされ）、いくつもの場所でそれが起こるので、小さなシャーベット状のかたまりがつくられます。それが集まりつつ次第に大きくなって、全体が氷結します。それに対して、冷却が非常にゆっくり進むとシャーベットになる微小な氷の粒すらつくられないので、全体が一様に熱を吸収していくようになり、過冷却現象が現れます。

　この現象が起こるのは水では-40℃までで、それ以下では過冷却水はつくれないといわれます（限界温度という）。自然界では、雲の中の細かい水滴が過冷却状態にあるといわれています。人工的につくったものは**氷蓄熱法**の1つとして、もしくは食品の生の状態をそのまま温度を下げて保存する方法として研究されています。

第3章 キッチンまわりでの熱のうまい使い方

　冷凍保存できない食品は、こんにゃくなど多量の水分を含み、細胞が弱いものです。鮮魚も、凍結による細胞の損傷と、うまみ成分を含んだ水分の流出を抑えて保存することが理想です。一般に、低温で保存するのは腐敗菌の活動を抑えるためですが、過冷却現象を利用して細胞を氷結させずに低温にできれば、品質の維持と長期保存を両立できる可能性があります。

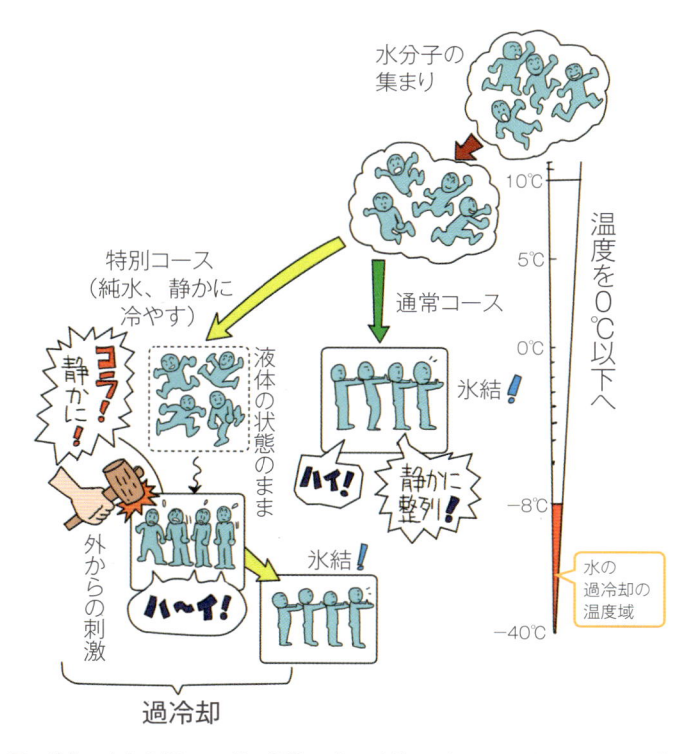

図　液体の水を冷却していくと、通常は0℃で氷結します。ところが、できるだけ不純物やごみのない煮沸後の純粋な水を静かにゆっくり冷却すると、0℃を過ぎても液体のままになります。これが過冷却現象です。衝撃を与えるなど外部からのちょっとした刺激で、安定した氷に変化します

15 冷凍冷蔵庫のしくみとは？

　冷凍冷蔵庫は、食材やジュース・水類を低温で保存でき、さらに凍結保存する機能もあります。いくつかの方式がありますが、液体が気体に変化するときに周囲から熱を奪う**相変化**の性質を利用したものがおもに使われています。この熱を蒸発熱といいますが、気化熱とも呼ばれます。

　この現象を利用した冷凍冷蔵庫のしくみは、クーラーと同じものです。ただし、温度レベルが低いことと、ある密閉された状態で温度を下げるといった、利用の仕方の違いがあります。使う液体を再利用して、装置の中で循環させるのもクーラーと同じで、これを**冷凍サイクル**といい、**圧縮式冷凍**と表現されることもあります。

　サイクルは、低い温度でも蒸気に変わる低沸点媒体を循環させるために、4つの装置から構成されています。

　蒸発器には、低温・低圧の液体が送られてきて、周囲から吹きつけられた空気から熱を奪って気化します。この冷気で冷蔵庫内のものを冷やしたり凍らせます。気体になった媒体を**圧縮機**で高温・高圧の気体に変え、**凝縮器**に送ります。凝縮器では、高圧・高温の気体から熱を奪って凝縮させ、液体に戻します。ほぼ常温になりますが高圧のままなので、毛細管（キャピラリーチューブ）部（減圧器）で、多数の細い管の中を通過させることで圧力を減じ、低温・低圧の液体として蒸発器に導きます。これでサイクルが完成します。

　蒸発器の働きは、冷却器といってもいいものです。ここで生まれた冷気を庫内の各部屋に配分します。冷蔵室、冷凍室、野菜

室が基本ですが、最近は別にチルド室を設けるなど多様化しています。そのため、蒸発器（冷却器）を複数備えた冷凍冷蔵庫も登場しています。

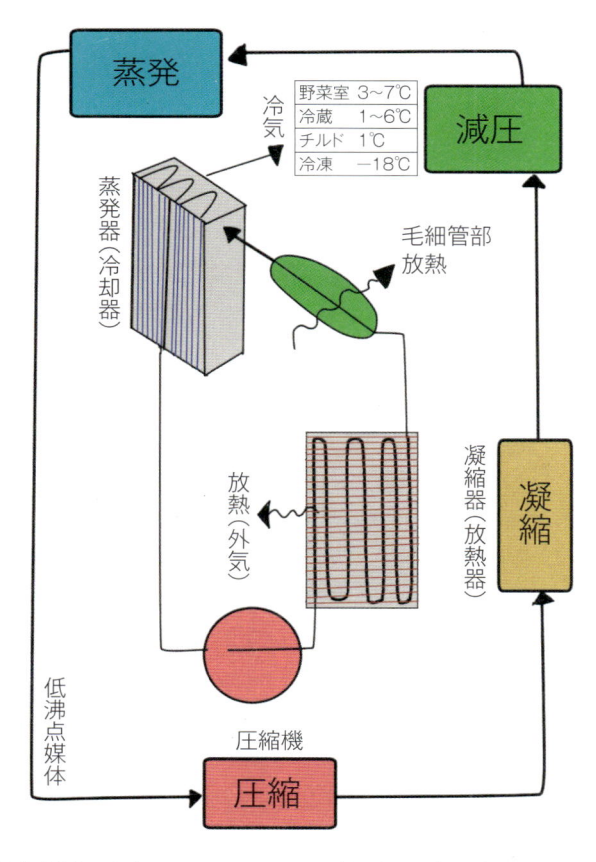

野菜室	3〜7℃
冷蔵	1〜6℃
チルド	1℃
冷凍	−18℃

図　冷凍冷蔵庫の冷凍サイクルを示したもの。吸熱反応で庫内の空気が冷やされて冷気となり、通常は−18℃程度（−20℃を超えるものもある）にまで食材を凍結させられる冷却能力をもっています

16 食材のベストな解凍法は？

　食材を保存のために冷凍した場合、解凍方法を間違えると、せっかくの食材のよさを殺してしまいかねないので、解凍は食材と調理の目的を考えて最適な方法を選ぶことが大切です。

　解凍は、文字どおり「加熱によって氷から水に戻す」ことです。加熱方法は、冷凍された食材の温度（通常は-18℃）と加熱温度との差によって分類されます。温度差の大きい順に、**急速加熱解凍**（熱湯、電子レンジ、電気ヒーター、オーブン）、**常温解凍**（室内、屋外）、**水道水流水解凍**、**冷蔵庫内解凍**（食品保管室、野菜庫）、**氷水解凍**となります。また、解凍する食材と加熱源との接触の仕方により、**直接加熱**と**間接加熱**に分けることができます。

　理想的な解凍は、食材の中の水が一様におだやかな相変化（氷から水へ変わること）をする温度環境をつくることだといわれています。電子レンジを除けば、解凍熱源と食材は熱伝導あるいは対流熱伝達によって熱が伝わり、表面から内部へ解凍が進みます。一様におだやかな解凍という点では、氷水解凍がベストといえます。氷水をゆるくかき混ぜて温度を一定に保ってやると、さらによいといわれます。解凍によって細胞が壊れ、うまみ成分が流出してしまう問題は、冷凍食材をほかの食材といっしょに調理する煮込み料理であれば、解決できるかもしれません。

　電子レンジで使われる電磁波の波長は、液体の水の加熱に適していても、氷の加熱には適していません。したがって電子レンジでの解凍は部分的に進み、水分が出始めるとそこが加熱されてむらになりやすく、食材によっては著しく味を損なう場合があるので、注意が必要です。

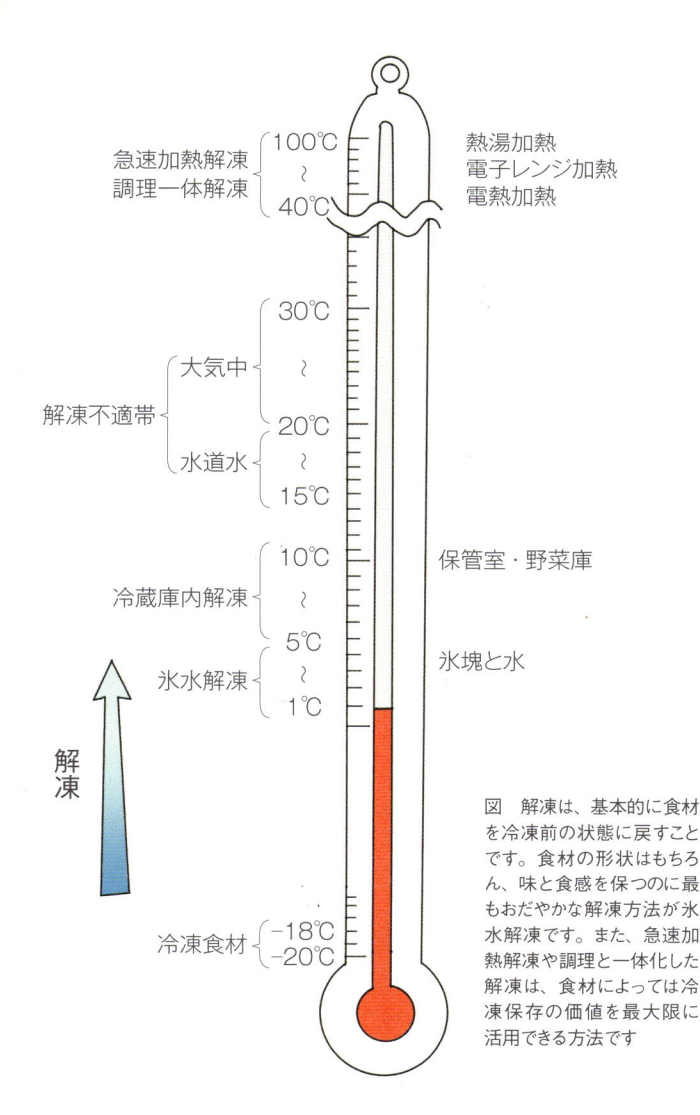

第3章　キッチンまわりでの熱のうまい使い方

温度帯	温度	方法
急速加熱解凍 調理一体解凍	100℃ 〜 40℃	熱湯加熱 電子レンジ加熱 電熱加熱
解凍不適帯	大気中 30℃〜20℃ 水道水 20℃〜15℃	
冷蔵庫内解凍	10℃〜5℃	保管室・野菜庫
氷水解凍	5℃〜1℃	氷塊と水
冷凍食材	−18℃〜−20℃	

解凍 →

図　解凍は、基本的に食材を冷凍前の状態に戻すことです。食材の形状はもちろん、味と食感を保つのに最もおだやかな解凍方法が氷水解凍です。また、急速加熱解凍や調理と一体化した解凍は、食材によっては冷凍保存の価値を最大限に活用できる方法です

COLUMN 3
「焼け石に水」をかけると……

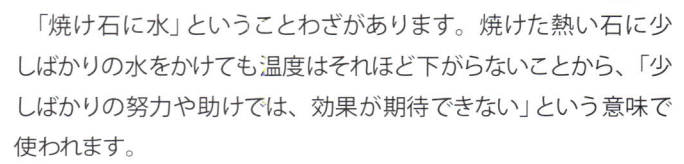

　「焼け石に水」ということわざがあります。焼けた熱い石に少しばかりの水をかけても温度はそれほど下がらないことから、「少しばかりの努力や助けでは、効果が期待できない」という意味で使われます。

　いまや「焼け石」自体がなじみのないものなので、ピンときませんが、同じような状態なら、真夏の灼けた自動車のボンネットや、夏の海水浴で波打ち際までたどり着くまでの熱い砂の記憶がよみがえります。また、調理器具には焼き石鍋があります。もっともこれは焼け石の特性を活用するものですが……。

　実際に、焼け石に水をかけるとどうなるでしょう？　300℃の石のかたまり（重さ50kg）に15℃の水1リットルをかけたら、温度がどうなるか試算してみました。岩と水の重さの比率を50:1、つまり岩に対して2％の水をかけるとすると、300℃の石は230℃になり、70℃も温度を下げることができます。

　石と水では、物質の内部に熱をため込める量（熱容量）が違い、単位重さあたりでは水のほうが5倍弱も大きいことが影響します。また、水は100℃で蒸発するときに、大きな蒸発熱を石からも奪います（潜熱という）。この2つの働きにより、熱容量の寄与分で約20℃、潜熱効果分で50℃くらいの、計70℃下がるというわけです。

　この性質を利用すれば、自動車のボンネットを冷やすのにそれほど多くの水はいらないということです。一度にどっとかけないで、薄くまくように水をふりかけると効果的です。

第④章
人間や動植物と熱の関係

熱と闘い、あるときは熱の助けを借りている、生物の生存をかけた進化のたくみさを説明します。

01 なぜ体温が必要なのか？

　自分のからだを適度な温度に保つことは、いろいろな臓器を正常に働かせたり、たくさんの種類の病原菌類から身を守るために必要です。生命維持や活動のために、ヒトは食物などからタンパク質、脂肪、炭水化物やビタミンおよび微量の無機質（ミネラル）を摂取し、エネルギーをつくりだしています。日本人の平均体温（深部体温）は36.89℃といわれており、その体温維持のために、生みだすエネルギーの75%を費やしているといいます。

　哺乳類（ほにゅう）に分類されるヒトは、体温がほぼ一定の**恒温動物**です。哺乳類は体温が1℃上がると感染する菌の種類が4〜8%減るといわれ、ヒトはおよそ37℃の体温を保っているため、体内で戦わなくてはならない病原菌類は数百種類でよいとされています。そのためにも、体温維持のエネルギーの生産は欠かせません。

　体温が維持できずに36℃以下になると、**免疫力が低下する**といわれます。「かぜ気味のときには、温かいものを飲むなどしてからだをしっかり温めなさい！」というのは昔からの生活の知恵ですが、科学的な根拠もあるのです。逆に、ヒトの体温が42℃を超えると、内臓機能の微妙な調整役をしている**酵素**が弱ってきて、生命自体がおびやかされるといいます。

　生命維持のために必要なエネルギー量を、**基礎代謝量**といいます。性別や年齢によっても違いますが、成人男性の場合で1日あたり1500kcal（約6300kJ）といわれます。通常の生活では、食事からとるエネルギーはこの1.5〜2倍が必要だということです。

　体温のコントロールは脳の視床下部で行われています。熱を運ぶ血管は体内に張り巡らされ、その長さは成人で10万kmほど

第4章 人間や動植物と熱の関係

にもなります。また皮下脂肪は、体温の放散を防いでいます。

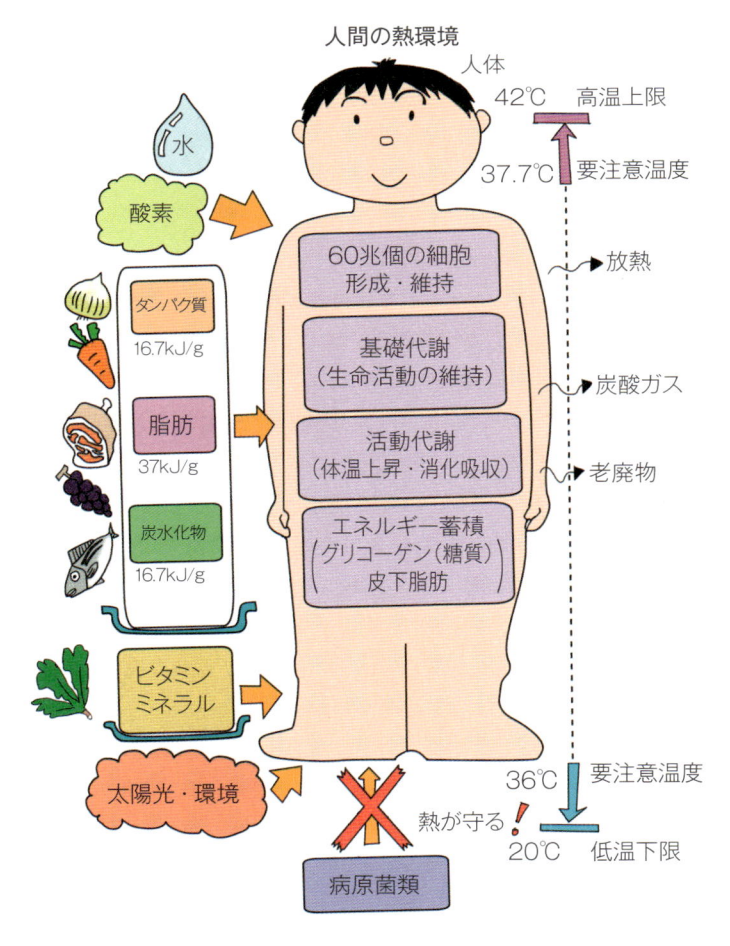

人間の熱環境

人体
42℃ 高温上限
37.7℃ 要注意温度

水
酸素

タンパク質 16.7kJ/g
脂肪 37kJ/g
炭水化物 16.7kJ/g

60兆個の細胞 形成・維持 → 放熱
基礎代謝（生命活動の維持） → 炭酸ガス
活動代謝（体温上昇・消化吸収） → 老廃物
エネルギー蓄積（グリコーゲン（糖質）皮下脂肪）

ビタミン ミネラル

太陽光・環境

熱が守る！
病原菌類

36℃ 要注意温度
20℃ 低温下限

図　ヒトは60兆個の細胞の維持と機能活動に加えて、非常時に備えてエネルギーを蓄積しつつ、体温をおよそ37℃に保っています。体温が高いほど病原菌の侵入を阻止できますが、高すぎても自分自身の代謝活動に支障がでます。時々刻々、ヒトは絶妙なバランスの中で生きているのです

02 体内の熱エネルギーのつくり手は？

　体内のすみずみにまで行きわたっている血液が、それぞれの細胞へ酸素を運びます。細胞では、その酸素と細胞内に存在している微細な小器官の1つである**ミトコンドリア**が、その場で熱を発生させています。

　ミトコンドリアは、すべての真核生物の細胞内部に存在する**細胞小器官**の1つで、いうなれば**生命を維持する働きをもった物質をつくりだす最小の高性能製造工場**です。ヒトが食べた食物からつくりだされたブドウ糖と空気中の酸素を血液が細胞に送り届け、ミトコンドリアはそれらを受け取ります。そして生命維持に必須の物質**ATP**（アデノシン三リン酸）を合成するとともに、炭酸ガスと水をつくりだします。このATPはエネルギーを蓄えたり放出したりして、物質の代謝や合成で重要な役割をはたします。ATPをつくりだす過程で、熱エネルギーが発生すると考えられています。つまり、体内の熱エネルギーはミトコンドリアの活動の副産物ともいえますが、ヒトの体温を保つなど重要な役割を担っているのです。

　ヒトのミトコンドリアの大きさは数百nm（ナノメートル、1nmは1μmの1000分の1）です。ヒトは約60兆個（40〜70兆）の細胞からつくられているといわれ、細胞の大きさは、最小は精子の2.5μmから最大は卵子の200μmまであり、平均直径は10〜30μmといわれていますから、ミトコンドリアの小ささが実感できるでしょう。器官や部位によって異なりますが、1つの細胞には数十から数万個のミトコンドリアが含まれています。ミトコンドリアの総重量は、体重の10％になるといわれています。

第4章 人間や動植物と熱の関係

動物細胞

- 数百nm
- リソーム
- 被覆小胞
- リボソーム
- ミトコンドリア
- ゴルジ体
- 細胞質(原形質というコロイド状溶液)
- 細胞小器官
- 中心小体
- 小胞
- 核膜孔
- 核小体
- 核膜 — 細胞核
- 小胞体
- 染色体系
- 脂肪粒
- 細胞膜
- 滑面小胞体

10〜30μm

ミトコンドリア

血液(ブドウ糖・酸素)

- 膜間腔
- マトリックス
- 外膜
- 内膜

→ 生命維持に必須の物質(ATP)
→ 熱エネルギー
→ 水分・炭酸ガス

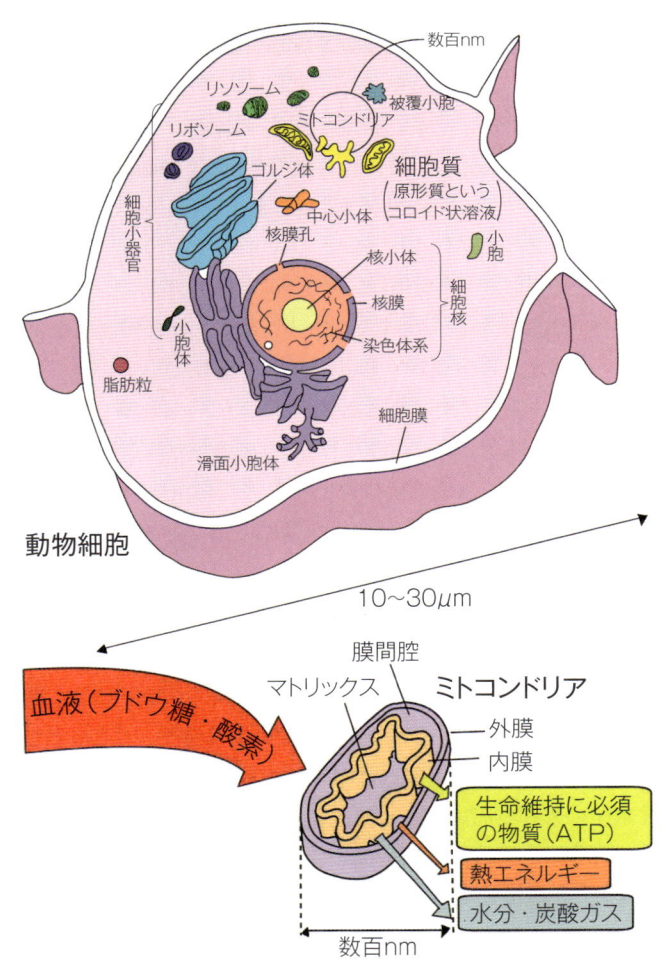

数百nm

図　細胞小器官の1つである微細なミトコンドリアは、物質の化学反応を利用した生命物質の生産兼エネルギー変換装置として働きます。1つひとつは血液から酸素とブドウ糖を得て、熱エネルギーを昼夜休むことなくつくりだし、その膨大な数で、ヒトのからだを支えるのに十分な熱エネルギーを供給しています

03 汗をかく効果とはどんなこと？

　自然にからだから**発汗**するのは、自分の体温の調節のためです。私たちは、運動などの目に見える動きをしなくても絶えず発汗しています。汗をかくことで体外に熱を運びだしながら、その汗の蒸発熱で体温をさらに下げます。

　からだの表面近くの血管は、外部の環境にすばやく反応します。暑いときは膨張し、表面積を増やすことで、熱を外部に発散しやすくします。一方、寒く感じると血管は収縮して、熱を逃がさないように表面積を減らします。血管のこうした働きは、**深部体温**といわれる、ヒトの活動にかかわる基礎熱から各器官を守る役目をはたしています。熱は、皮膚の表層0.2mmくらいの固い表皮の下にある真皮の毛細血管を通じて運びだされ、体温が調整されているのです。

　汗は3つの種類に分類されています。1つは、いま説明した、全身の発汗による体温調節（**エクリン汗**）ですが、2つめは、緊張（ストレス）による**精神性発汗**です。こちらは手のひらや足の裏に集中的に汗をかきます。滝のように流れる場合や、じとっとした冷や汗もあり、健全な汗とはでる場所も成分も違います。精神性発汗は生存本能による発汗ともいわれます。3つめは、辛いものを食べたときにおでこに吹きだす**味覚性発汗**です。

　汗をかく量は、その人の体重や運動状態、外部環境（温度、湿度）で変わります。たとえば体重65kgの人が30℃の室内で座っている場合、1日に3リットル発汗するといわれています。日中に屋外を歩いた場合は、1時間に0.5リットル発汗します。汗は蒸発すると衣服を通して外気に発散していきますが、発汗量が1日

第4章 人間や動植物と熱の関係

3リットルの場合、常時78Wの熱を放出していることになり、1日に換算すると1614kcal(6760kJ)にもなります。発汗は人の生命にかかわるとともに、エネルギーと水分の補給の大切さを教えてくれます。水を補給する場合、1時間に約1リットルが吸収できる限界量といわれているので、少しずつ頻繁に補給することが必要です。

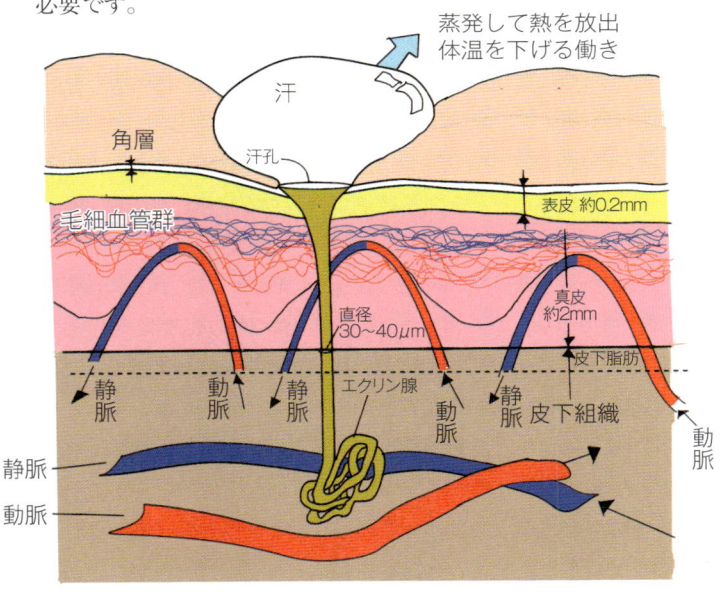

図　汗をだす汗腺は、場所によって密度が変わりますが、特に手のひらに多く、全身に約300万個あります。熱を交換するところは真皮のすぐ下の皮下組織にあり、汗腺がコイル状になっています。直径は30～40μmくらいです。汗は熱を外に運びだすと表面で蒸発し、そのときに熱を体表面から奪い、体温を下げます

いい汗はドンドンかこう！

04 動物たちの耐寒対策とは？

　寒い地域に生息する動物の表面をおおう毛は、2つの種類に分かれます。上毛と呼ばれる**刺し毛**と、下毛と呼ばれる**綿毛**です。刺し毛は太くて長い形状で、弾力性と耐水性をもち、雨や雪、みぞれなどからからだを保護する役割をはたします。一方の綿毛は、動物の内部環境を整える役割をもっています。綿のような短く細い毛が密集しており、細かい綿毛のすき間に空気をため込み、体温の維持や発熱の調整、水分の排出などを担います。このような動物自身のからだを守る構造は、カワウソやビーバー、およびトナカイや狼が同じようにもっています。

　動物の耐寒対策として一般的なのは、血管によって体温を回収する方法です。どのような動物でも体表面の温度は変化していますが、守るべきは深部体温です。内臓の温度を下げないことが、代謝を正常に維持するためには不可欠だからです。そのために、外気と接する表皮組織を工夫することによって、寒さに対抗しています。

　深部体温を維持するには、熱のもちだしを極力抑えることが必要です。つまり表皮との体温差を最大にするわけですが、だからといって外気にさらされる器官が寒さで凍傷になってはいけません。それを避けるために、体内には2段階の熱回収機能が備わっているのです。通常は、熱を運ぶ**毛細動脈**が体表の奥深くに張りめぐらされていて、深部から表皮まで熱伝導で熱を伝えています。これは間接的な方法といえます。

　この方法とは別に、どうしても表皮近くの温度を上げなければならない場合は、動脈を拡張するなど直接的な方法がとられます。

第4章 人間や動植物と熱の関係

ただし、からだの末端から心臓へと戻る静脈の温度が冷たいままでは、周囲から熱を奪い、深部体温を下げるおそれがあります。そこで、やや太めの動脈のまわりに冷たい静脈を網目状に絡ませて、動脈の熱を回収できるようにしています。これを**対向流熱交換**といいます。

寒風

冷気

氷上

温熱供給（熱伝導）

動脈の流れ
静脈の網目構造
静脈の流れ
静脈の流れ
対向流熱交換

足の凍傷対策

図　ペンギンの場合は、脚の付け根まではやや太めの動脈で熱を送り、そこに静脈網を絡ませて温度を上げ、心臓に戻しています。付け根から先は細い動脈が足先に配されています。ペンギンの深部体温は38〜39℃で、脚の温度は6〜8℃前後だということです

05 植物の温度調整法とは？

　植物は光合成を行うために、太陽光をできるだけ多く受け取ろうと葉を茂らせますが、受け取ったエネルギーの80%以上が熱に変わってしまうので、それを排出しなければなりません。そのカギを握るのが気孔と呼ばれる出入り口です。植物は気孔から水分を蒸散作用で蒸発させ、蒸発潜熱を活用して葉の温度を下げています。

　植物の気孔は、普通は葉の裏側にたくさんあります。ある植物は、葉の裏側1mm四方に約100個の気孔があるといわれます。この気孔を閉じたり開いたりして、光合成に必要な炭酸ガス(CO_2)を取り入れ、酸素と温度調整用の水分を大気に放出しています。植物にかかわるほとんどすべての気体の出し入れは、この気孔が担っているのです。

　気孔の開閉部には、孔辺細胞と呼ばれる細胞があります。これは内側が厚く、外側が薄い細胞壁からつくられており、太陽からの青色の光(390〜500nmの波長)に反応すると、閉じた状態の数倍の濃度のカリウムイオンが蓄積されます。そのため、細胞の浸透圧*が上昇し、周囲から水分子が取り込まれます。その結果、孔辺細胞全体の体積が増え、外側の細胞壁を押して孔辺細胞の間を広げ、気孔が開くと考えられています。逆に水分が不足すると、植物内のホルモンが働いて気孔を閉じるようにうながし、水分を体内にとどめようとするのです。

---

*浸透圧:細胞膜で仕切られた濃度の異なる2液間で、濃度の低いほうから高いほうへ水が移動する力

第4章 人間や動植物と熱の関係

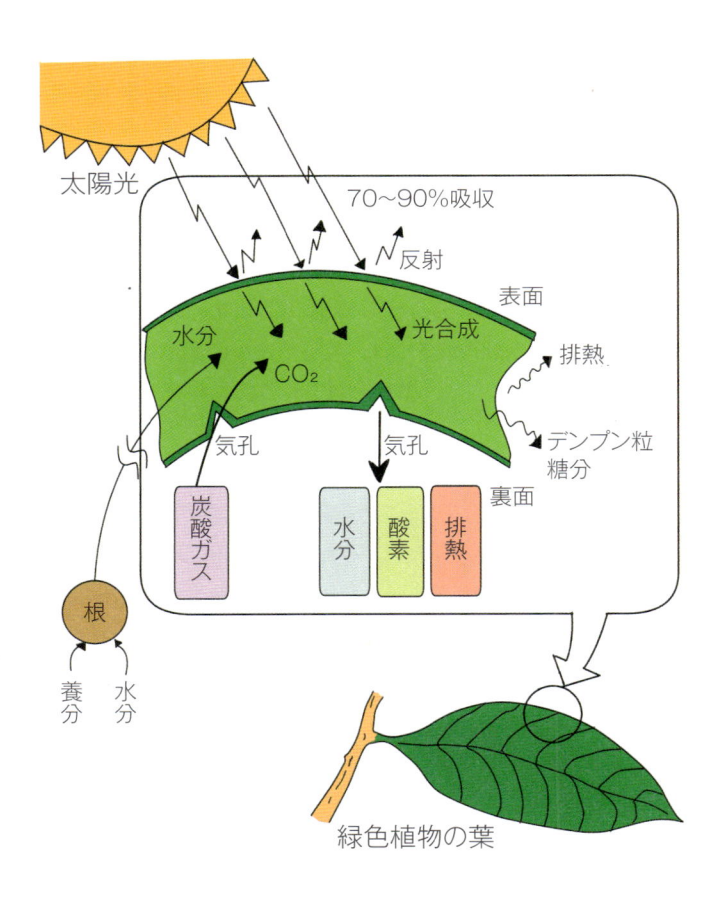

図 植物の葉は、太陽光を吸収して光合成を行うことがおもな役割です。その中で気孔は、光合成に必要な炭酸ガスを空気中から取り入れ、光合成反応の結果できた酸素を排出します。同時に、温度調整のために、吸収した太陽エネルギーの80％以上の熱を、蒸発潜熱を利用して外部にはきだしています

COLUMN 4
熱の利用に3つの"R"

　本文でもふれましたが、エネルギーを有効利用するために、3つの"R"が提唱されています（p.69参照）。それは**リデュース**（Reduce：熱の使用量を減らす。効率を上げて廃熱を減らす）、**リユース**（Reuse：熱の再利用）、**リサイクル**（Recycle：熱を変換して利用する。再資源化ともいう）です。

　熱のリデュースでは、熱の使い方を根本から見直して、必要最小限で目的を達成することが本筋になります。遮光・遮音のカーテンに遮熱や断熱機能をつけ、暖房や冷房の節約につなげることなどです。そのうちに、蓄熱機能をもつ製品が登場するかもしれません。

　熱のリユースは熱の多段階利用を前提に、一度つくった熱を徹底的に最後まで利用することを考えます。熱の利用には目的ごとに最適な温度があるので、それを段階的に役立てていけば、熱の全体を有効に使えることになります。たとえば、都市ごみの焼却熱を蒸気発電に使い、その廃熱を温水プールの熱や地域暖房に利用する方法です。

　熱のリサイクルでは、一度利用した熱を捨ててしまうのではなく、廃熱利用で蒸気発電や熱電発電（p.151参照）によって使いやすいエネルギーである電気に変えることが考えられます。廃熱で別の製品をつくることも含まれます。

　熱は、環境の温度との差が大きいほど利用価値があります。ただし、熱はそのままの状態では運びにくい性質をもっているので、発生したその場で利用するなど工夫が必要です。個人の生活でもチャレンジできることはあるでしょう。

第 5 章

モノづくりに利用される熱

身のまわりのすべてのモノは、熱のいろいろな性質を活用してつくられています。そのしくみに迫ります。

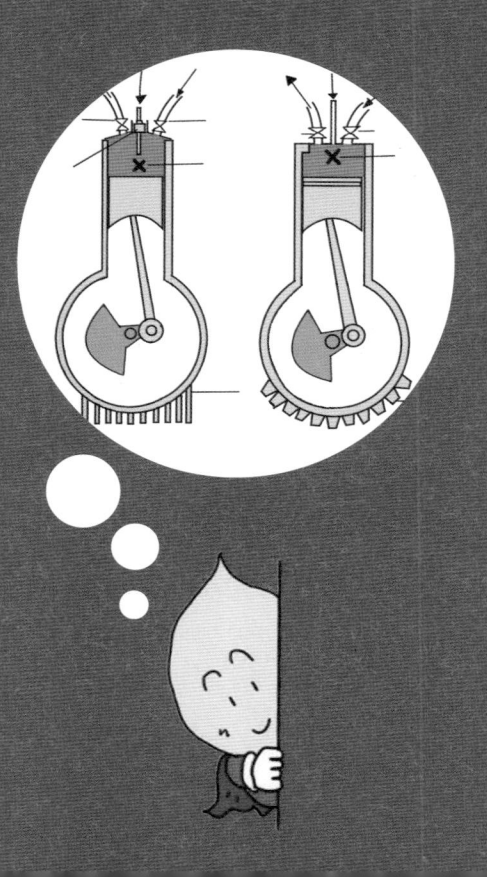

01 金属の結晶は再生するの？

　金属結晶の状態が私たちの暮らしとどのように関係するのか、すぐにイメージできる人は少ないでしょう。それもそのはず、この疑問は金属製品をつくる過程でのことだからです。

　毎日のように使うナイフや包丁、はさみ、爪切り、針などは、単純なものでも金属を加熱・急冷したり、たたいて曲げたり、引っ張って厚さを変えたりしてつくられます。このような加工をしても、製品の形がゆがまず、性能が落ちないようにするために、かならずといっていいほど**焼なまし**という工程を途中に入れます。焼なましをすると、加工で生じた金属結晶のひずみが解消され、元のしなやかな結晶構造に戻ります。

　たとえば、安全カミソリは小さな刃の形状を整え、切れ味をよくするために、焼なましを3回も加工の途中でしています。

　理想的な金属の結晶粒の大きさはほぼそろっていて、規則正しく配列しています。しかし、金属を加工すると部分的に結晶粒の集まりが片寄り、形や大きさが変形します。すると、その部分が硬くなったり、もろくなります。

　こうしたひずみの多い金属も、全体の温度をゆっくり上げてやると、ひずんだ部分の結晶粒同士がくっついて成長するので、その後に温度をゆっくり室温にまで戻してやると、結晶粒がそろった元の金属組織に変わります。これが焼なましです。

　結晶粒の構造が変化し始める温度は、**軟化点**と呼ばれます。軟化点は金属が液体になる温度である融点に関係します。鍋などに使われるアルミニウムの融点は約660℃、軟化点は270℃なので、融点の半分以下の温度から少しずつやわらかくなるのです。

第5章 モノづくりに利用される熱

図1 ガスレンジで加熱するとアルミは簡単に曲げることができ、元に戻りません

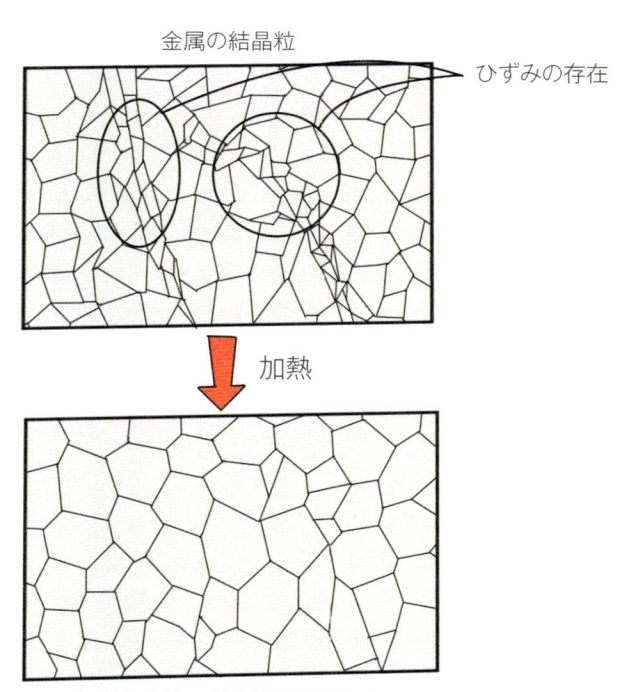

金属の結晶粒

ひずみの存在

加熱

加熱によりひずみが解消される

図2 金属の結晶粒は素材の種類によって大きさや形状が異なりますが、通常の結晶粒と強制的に加えられた力で変形した結晶粒が混在し、ひずみがあるのが普通です。こうした金属も温度をゆっくり上げてやると、熱によってひずみが解消され、再結晶化して、大きさのそろった形になります

02 熱をスイッチに利用できるの？

　ある温度を一定に保つしくみである**サーモスタット**はご存じでしょう。各種の方式がありますが、代表的なのは**バイメタル**をスイッチにしたものです。

　一般に金属の温度を上げると、個々の特性に応じて膨張します。バイメタルは、種類の違う2枚の金属板をしっかり貼り合わせて一体にしたものなので、大きく延びる側が小さい側へ曲がります。つまり、温度を変えるだけで、規則的に反らせたり元の状態に戻すことができるのです。これを電気のスイッチに使います。

　身のまわりには熱を利用する多くの家電製品や設備があります。テレビ、冷蔵庫、電子レンジ、電気ケトル、ガスレンジ、温水器、加湿器、乾燥機、エアコン、プリンターなどにはもちろん、カーエアコンにもバイメタルが使われています。

　近年、温度の変化に対して非常に小さい延びを示す**アンバー**（ニッケルを36％含んだ鉄）が発見され、一方で、マンガンと銅・ニッケルの合金が温度に対して非常に大きな延びを示すことがわかりました。同じ温度でもこの2つの金属は、延びる割合が20倍も違います。これを使ってバイメタルをつくると、少しの温度変化でも大きく変形することになり（つまり感度が高い）、バイメタルの利用が熱を扱うあらゆる分野で一気に広がりました。

　バイメタルの構造はシンプルなので、製品としても100万回以上の繰り返し動作に十分耐えられます。ただし、温度が上がりすぎると製品を故障させる可能性が高くなり、火災になる可能性も否定できません。とはいえバイメタルは、私たちが安全・安心に暮らせるように縁の下から支えてくれているのです。

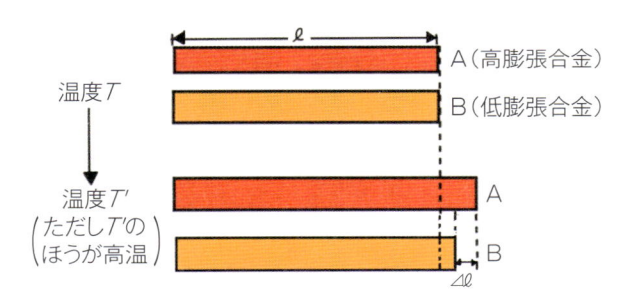

第5章 モノづくりに利用される熱

図1 高膨張合金Aと低膨張合金Bの温度を変化させると、AとBとでは長さに差ができます。これを使用環境の熱の異常検知に利用するため、一体化接着してバイメタルをつくります

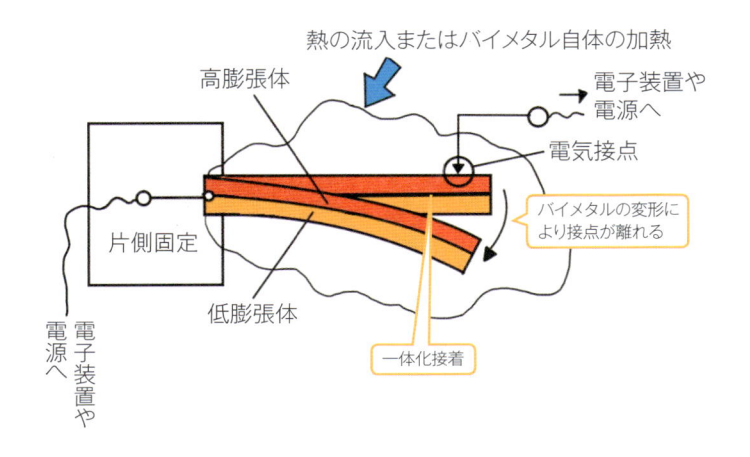

図2 2枚の平板を貼り合わせ、バイメタルを電気接点と組み合わせて配置したものです。温度上昇時には電気回路を遮断できるようになっています。このように電流をバイメタルに流すケースもあるので、合金の電気抵抗率の大きさにも注意を払う必要があります

03 形状記憶合金はなぜ元の形に戻るの？

　形状記憶合金を使ったメガネのフレームは、以前からあったので、利用している人もいるでしょう。これは高温にしたときのフレーム形状を記憶させることで、常温で変形しても、温めるだけで簡単に元の形に戻せるものです。

　形状を記憶できるこのしくみは、金属結晶の**マルテンサイト変態**と呼ばれる現象にあります。マルテンサイト変態は、外部から力を加えても、結晶を構成する原子同士をつなぐ手が外れずに変形することです。つまり人間の関節と同じように、外からの力を受けても原子の位置が変わるだけなので、結晶構造自体は保持されます。しかも形状を記憶させた温度にすると、移動した原子の位置が元どおりに復元するため、元の形状に戻るというわけです。このように原子がばらばらに拡散することなく変態するという意味で、**無拡散変態**とも呼ばれます。

　形状記憶合金は、温度の変化で変形したり元に戻ったりを繰り返します。この点はバイメタルに似ていますが、1種類の合金で実現できるのがメリットです。また構造がよりシンプルになるので、応用分野も広がります。デメリットは、使用温度の範囲がいまのところ100℃以下に限定されることです。

　身近に使われている例に、形状記憶合金バネがあります。想定した温度に達すると、バネの形状が変わることを利用します。たとえば炊飯器の調圧口では、それを開いて余分な蒸気を逃がします。コーヒーメーカーでは、水が沸騰する温度で形状記憶合金バネが延び、弁が開いてコーヒー豆にお湯が注がれるという大事な役目をはたしています。

第5章 モノづくりに利用される熱

変形 →
← 加熱

マルテンサイト変態

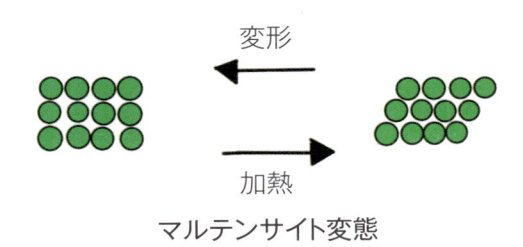

図1 お互いの位置のずれはなく、また飛びだして形を崩すものがなくても、一定の範囲なら変形できることがわかると思います。現在のところ、利用できる温度範囲は100℃以下です

変形 → 加熱 →

加熱後の位置
加熱するとオフになる

形状記憶合金による開閉器

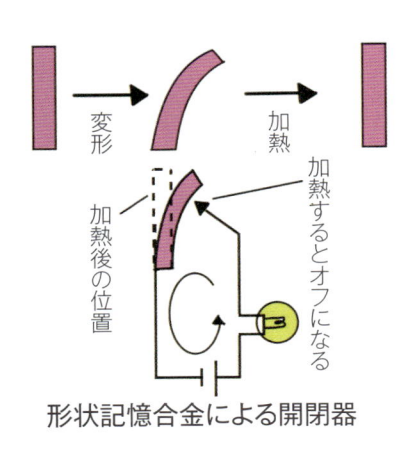

図2 製品の一例として熱スイッチを示します。100℃以上の高温で使えると用途が格段に広がるので、新しい合金の研究が続けられています

04 物質の第4の状態「プラズマ」ってなに？

　物質は原子が結合したものですが、この結合は温度によっては切り離されます。それが、固体から液体になり気体になる、状態の変化です。気体は原子あるいは分子が粒子として飛び回っている状態ですが、さらに温度を上げると分子はバラバラになって原子になり、ついには原子の中の電子が引きはがされていきます。この変化を**電離**と呼び、電離によって生じた荷電粒子を含む気体を**プラズマ**（電離気体）と呼びます。プラズマ状態であっても、プラスに荷電した原子核（イオン）とマイナスの電子の数はつり合っているので、電気的に中性です。

　プラズマには、イオン（＋）と電子（－）以外に**中性原子**や分子も混じっています。この中性原子は分子が熱エネルギーによってバラバラになったものですが、プラズマの電気的な中性が崩れそうになると静電気力が働き、中性を回復しようとします。イオンや電子は中性原子と衝突しますが、電子同士やイオン同士は電気的に反発し合うのでぶつかりません。イオンと電子は**クーロン力**と呼ばれる力で引き合いますが、プラズマでは熱による運動がそれを上回るため、結合することはありません。

　身近なプラズマ状態は蛍光灯やローソクの炎で、製品ではネオンサインがあります。後者はネオン（Ne）というガスが0.005気圧くらいで閉じ込められて発光します。中では電子の温度が2万5000Kほどになり、イオンは約1500K、中性原子は400Kになるので、触れるときはやけどに注意が必要です。ネオンサインにはアルゴン（Ar）、ヘリウム（He）、キセノン（Xe）などのガスが使われて、いろいろな色を発光させています。

第5章 モノづくりに利用される熱

　さらに温度を上げていくと、**完全電離プラズマ**になります。10万〜20万Kに電子の温度を上げると、中性原子はどんどんイオンと電子に分かれてなくなり、すべてイオンと電子になります。そうなると、もう衝突することもなくなります。1000万K近くになると、銅と同じくらいの抵抗になります。このくらいの温度になると、逆にイオン同士でぶつかり合う可能性もでてきて、核融合反応が起こります。これが太陽の内部で起こっている反応です。

プラズマの状態

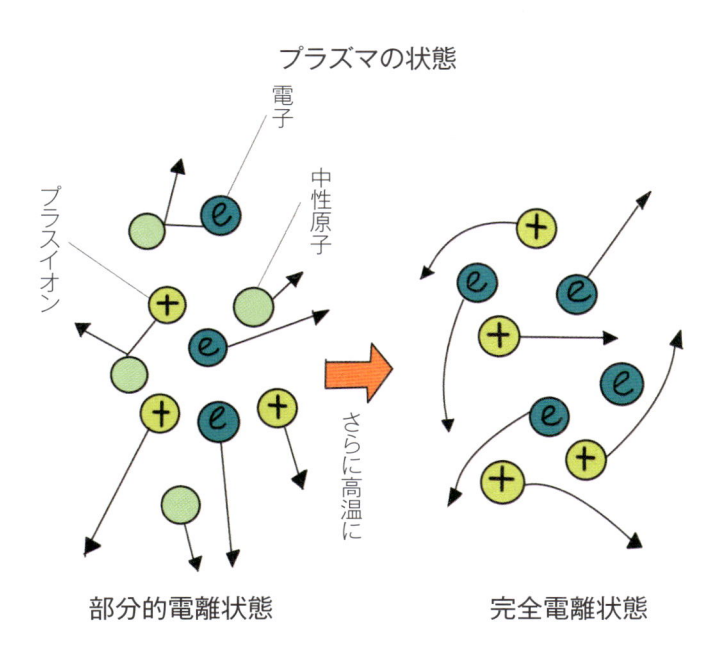

部分的電離状態 → さらに高温に → 完全電離状態

図　数千Kではまだ中性原子が残っていますが、電子とイオンの運動は激しくなります。10万〜20万Kくらいまで温度が上がると、すべて電子とイオンに分かれます。電子とイオンは電気的に引き合う力(クーロン力)が働きますが、熱による運動エネルギーのほうが優勢でぶつかりません

05 「熱が仕事をする」とはどういうこと？

　生卵を電子レンジで温める人はさすがにいないと思いますが、それはなぜでしょう？　電子レンジは水分を含む食材を内部から摩擦熱で加熱するので、卵であれば爆発し、中身が飛び散って悲惨なことになるからです。あと片づけが大変そうですが、熱による仕事という観点からすると、これも立派な例の1つでしょう。

　もう少し真面目に熱に仕事をさせようとすれば、密閉できる容器に空気などの気体を閉じ込め、容器を加熱します。当然、内部の気体は膨張して圧力を増していくので、弁を開いてやると勢いよく噴きだします。これをプロペラに当てれば回転し、プロペラにモーターをつないでおけば発電します。つまり、熱が空気という媒体を介して電気を生みだす仕事をしたことになります。ただし容器中の圧力が大気圧と等しくなると、仕事をしなくなります。熱の仕事を継続させるには、たとえば蒸気サイクルのようなしくみが必要です（p.146参照）。

　以上の例は熱による粒子の運動がもたらす仕事でしたが、加熱された物質は温度に応じてさまざまな波長の電磁波を放射します。太陽の光がその代表格ですが、私たちが光エネルギーと呼んでいるものは熱エネルギーが変換されたものでもあるのです。熱から直接発電するには**熱光電池**を利用します。これは、熱から生まれる電磁波を太陽電池のしくみを使ってとらえるもので、本体が耐えられる範囲であれば、どんな熱からでも発電することができます。

第5章 モノづくりに利用される熱

熱から機械エネルギーへ

- シリンダー
- 空気
- ノズル
- 弁（開）
- ピストン停止

空気が勢いよく吹きだしプロペラを回す
- 弁（開）
- プロペラ
- 機械エネルギー
- **仕事**

熱から電気エネルギーへ

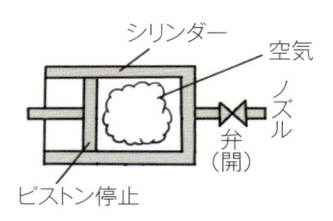

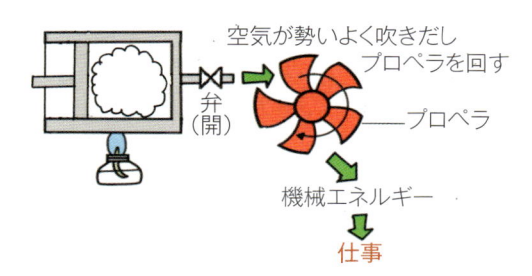

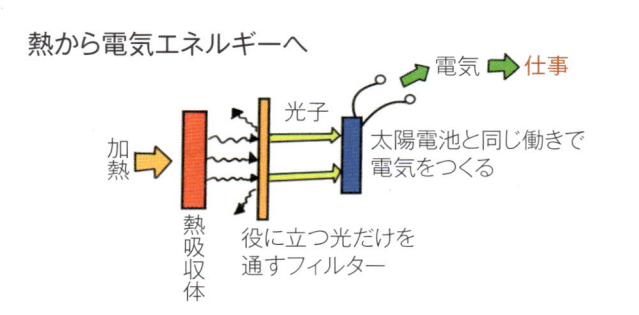

- 電気 → **仕事**
- 加熱
- 光子
- 熱吸収体
- 役に立つ光だけを通すフィルター
- 太陽電池と同じ働きで電気をつくる

図　シリンダーの中の空気を加熱すると、ピストンを固定した状態では温度に比例して圧力が上がります。先端の弁を開ければ中の空気は大気圧になるまで噴出します。これでプロペラを回せば機械エネルギーに変換でき、動力に使うなど仕事をさせることができます。ただし、継続するには蒸気サイクルのようなしくみが必要です。また、熱は電磁波の集まりであるという面から、熱の中からエネルギーの高い電磁波だけを使って、太陽電池のようなしくみで電気をつくることができます

06 エントロピーってなんでしょう？

　体温より高い温度のお風呂に入ればからだが温まり、お湯から熱をもらったことになります。体温より冷たい水のシャワーを浴びれば、涼しくなります。氷を手でさわれば、手から熱を奪われるので冷たく感じます。熱いお茶も部屋に放置しておけば、いつの間にか室温と同じ温度に下がっています。これらは日常であたり前に起こっていることです。

　水が高いところから低いところに流れるのは、当然のこととして受け入れられています。これは、すべてのものに重力が働いているからです。高い地点にある水は高さに比例した**位置エネルギー**をもち、低いところよりも大きなエネルギーをもっています。逆に低いところから高いところに水を移すには、ポンプを使うとか人がバケツで運ぶとか、エネルギーを加えてやらなければなりません。

　熱エネルギーでも同じことがいえます。温度が高いのは熱エネルギーが強く、低温はそれを構成する粒子の運動エネルギーが小さく、熱エネルギーが弱いのです。また、高温のエネルギーは鉄を溶かしたり調理で食材の煮炊きができますが、常温に近い温度では使い道はかなり制限されてしまいます。

　同じ熱エネルギーでも、温度によって質的な違いがあることがわかるでしょう。熱エネルギーは、なにもしなければ必然的に質の高いほうから低いほうに流れるのです。このエネルギーの質を表す量に、**エントロピー**があります。熱エネルギーを放置しておけば、エントロピーはどんどん大きくなってしまいます。これを**エントロピー増大の法則**といいます。エントロピーの単位は[W/K]

です。エントロピーを小さくするには、お風呂をわかすようにエネルギーを加えてやらなければなりません。熱を使ったモノづくりでは、このしくみを活用して材料を加工し、また、そのために化学エネルギーやほかのエネルギーを使っているのです。

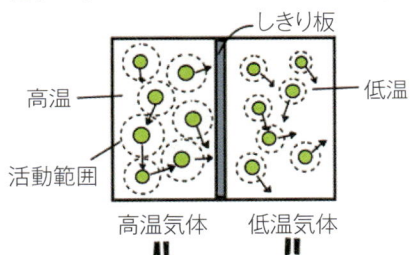

しきり板
高温 — 低温
活動範囲

高温気体 ‖ 低温気体
分子の運動が大きい 分子の運動が小さい

⬇ しきり板をはずすと……

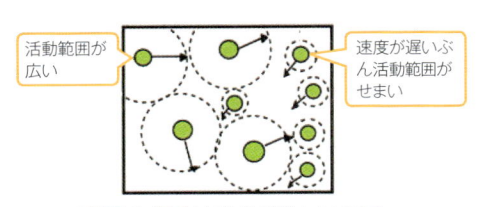

活動範囲が広い
速度が遅いぶん活動範囲がせまい

高温の分子は動きが激しいので
低温側の分子をはね飛ばす

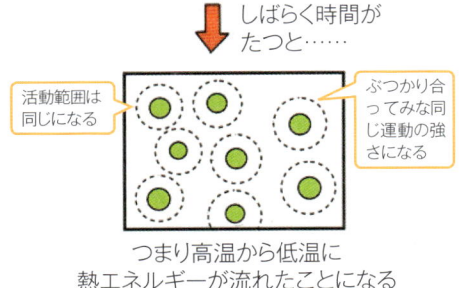

⬇ しばらく時間がたつと……

活動範囲は同じになる
ぶつかり合ってみな同じ運動の強さになる

つまり高温から低温に
熱エネルギーが流れたことになる

図　温度の違いは分子の運動の大きさの違いです。分子同士がぶつかったとき、強いほうの分子エネルギーは減少し、弱いほうはエネルギーをもらって平均化されます。結果的に高温の熱から低温の熱にエネルギーが移動したことになります。これをエントロピーが増大したといいます

07 熱を100%仕事に変えられるの？

　電気自動車やハイブリッド車のように電気をモーターで動力に変えると、効率は100%近くになります。理論上は100%変換できます（**変換効率**100%という）。それに対して、熱を電気や機械などほかのエネルギーに変換するときは、理論値でも100%は望めません。これが、熱がほかのエネルギーと決定的に違う点です。その理由を、水力発電での**位置エネルギー**と蒸気発電（p.146参照）での熱エネルギーを比較しながら、解き明かしてみましょう。

　水力発電は、高所にある水のエネルギー（位置エネルギー）を利用します。土地や山が海抜○○mと表されるように、高さの基準は海面です。高所にためられた水を海抜0mにある水車に向けて落下させると、水の位置エネルギーを水車の回転に100%変えることができます。水車を回したあとの水には、もうエネルギーが残っていません。エネルギーは形が変わっても、消滅したり増加したりすることはありません。これを**エネルギー保存則**といいます。

　一方、蒸気発電では熱の強さ（温度）が水力発電での高さに相当します。では、温度の基準はなんでしょう？　それは絶対零度（0K）です。ところが現実問題として、蒸気発電を0Kの環境に置くことなどできません。通常ならば、大気の温度や海水温度の15〜20℃程度になるので、絶対温度300K付近といえます。こうした理由から仕事に変えられる最大の温度差は、高温熱源の温度から300Kを差し引いた数値になるのです。たとえほかの損失がゼロだったとしても、このハンディが熱にはかならず付随します。そのため、熱の変換効率は100%にはならないのです。

第5章 モノづくりに利用される熱

高温熱源

高温熱流流入

エネルギー保存則

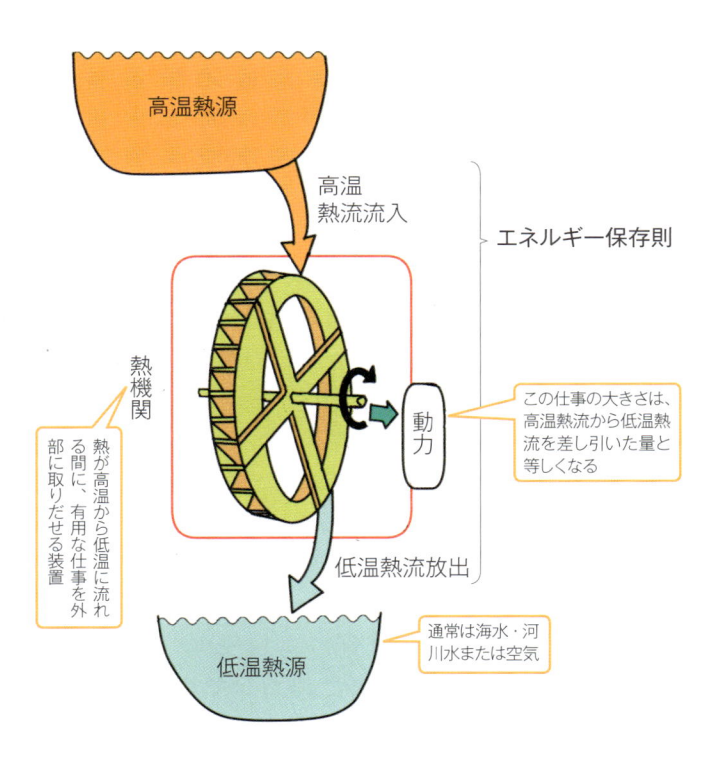

熱機関: 熱が高温から低温に流れる間に、有用な仕事を外部に取りだせる装置

動力

この仕事の大きさは、高温熱流から低温熱流を差し引いた量と等しくなる

低温熱流放出

通常は海水・河川水または空気

低温熱源

図 熱エネルギーをどれだけの割合でほかのエネルギーに変換できるかを表す指標が、エネルギー変換効率です。これは、投入した高温熱エネルギーに対する仕事の割合をパーセントで表したものです。投入エネルギーはワット(W)で、毎秒あたりの投入エネルギーになります。外部に取りだされる仕事はほかのエネルギーですが、同じワットで表示されます。たとえば高温熱源の温度が1000Kで、低温熱源の温度が300Kの場合、理想的な熱機関の変換効率は、{(1000−300)/1000}×100%で計算され、70%になります。実際の火力発電所での効率は41〜55%、自動車のエンジンは20〜30%くらいです

08 スターリングエンジンってどんなもの？

　熱機関の中でも効率が高いとか、熱源はなんでもいいということで注目を浴びているのが、**スターリングエンジン**です。

　気体は温度が上がると体積あたりの重さが軽くなることがよく知られていますが、これは気体の膨張に由来します。閉じた容器で気体を温めると、粒子の運動が激しくなって容器の壁を激しくたたき、圧力が上がります。容器をピストンつきのシリンダーに変えてやると、加熱によってピストンを押しだそうとします。逆に気体を冷やせば収縮し、ピストンは引き込まれます。これを繰り返すとピストンの往復運動になり、クランク軸（L字型の軸）で簡単に回転運動に変えることができます。スターリングエンジンでは、加熱と冷却を迅速に行えるように**ディスプレーサ**と呼ばれる中間的なピストンを使います。これは、加熱部は常時加熱し、冷却部は常時冷却できるように、中間に気体が通り抜けられるすき間をもったピストンです。

　ディスプレーサの運動は、メインのピストンとタイミングをずらしてやる必要があり、クランクシャフトの工夫で実現しています。気体には、高温でも安定している不活性ガスのヘリウムなどが使われます。理論的な効率は理想的な熱機関に等しい値が得られますが、実際にはまわりの熱損失などのために低下し、自動車用では40％程度といわれています。

　スターリングエンジンは、高出力や瞬発力には欠けるものの、トルクが強いので大型船舶で利用されたり、爆発工程がないので静穏性にすぐれ、それが望まれる場所での利用が検討されています。ただし実機としては、機械的に接触する部分が複雑で、耐

第5章 モノづくりに利用される熱

久性に課題があるとされています。

加熱

媒体膨張により
ピストンを押す

冷却

ディスプレーサピストン

媒体収縮により
ピストンを引っ張る

媒体が往復する

出力ピストン

自在継手

連続した回転力を
動力として利用

回転

クランク軸

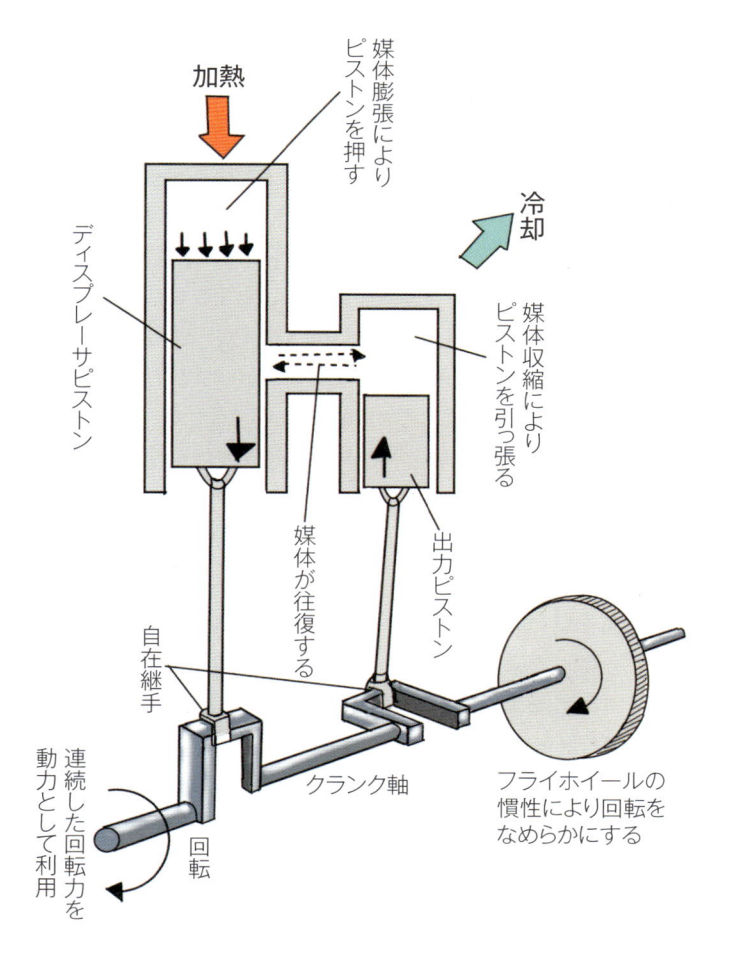

フライホイールの
慣性により回転を
なめらかにする

図　スターリングエンジンの気体媒体には、高温でも安定している空気、ヘリウムガス、窒素ガスが使われます。外燃機関であることから太陽熱や廃熱などが利用でき、適用範囲は広いと考えられます

09 蒸気で発電するしくみとは？

　水を沸騰させた水蒸気の力でタービン＋発電機を回し、継続的に安定して電気をつくりだすしくみが**蒸気発電**です。熱機関の**1つである蒸気サイクル（ランキンサイクル**ともいう）が使われます。

　水蒸気は水が気体に変わったものなので、本来は透明で見ることができません。日常でよく目にする湯気は、水蒸気の一部がまわりから冷やされて小さな水滴に変わったものです。この水蒸気と小さな水滴の集まりも、私たちは「水蒸気」と呼んでいます。圧力鍋（p.102参照）での調理の際にノズルからでる水蒸気をよく見ると、最初は透明になっているのがわかります。

　水蒸気の力は、紀元前の古代ギリシャですでに発見されていましたが、実用化されたのは18世紀半ばからの産業革命期です。水を加熱して高温高圧の水蒸気に変え、この水蒸気を真空に近いところで噴出させてタービンを回し、タービンに連結した発電機で電気をつくります。タービンを回したあとの水蒸気は海水などの冷たい水で冷やして、水蒸気がもっている熱を海水に渡し、元の水に戻します。ここがこのサイクルにとって重要なポイントです。この水をふたたびポンプで加熱部に送れば、サイクル（循環）が完成します。このサイクルは、熱が水の性質を利用して動力に変わり、さらに電気に変換されたと表現することができます。

　蒸気発電の熱源には化石燃料や原子力が利用されていて、一般には火力発電所とか原子力発電所と呼ばれています。

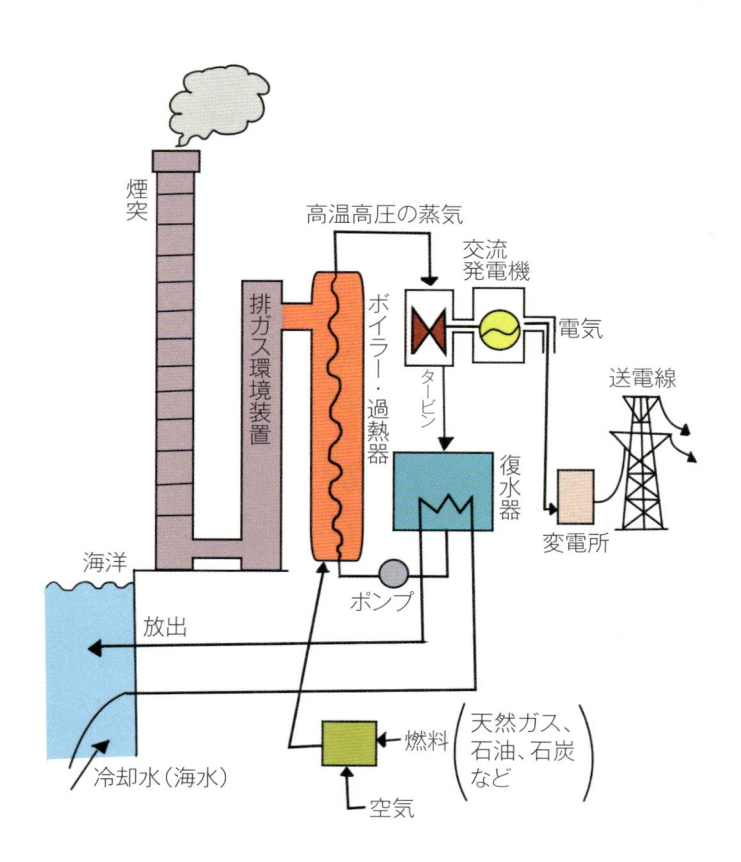

第5章 モノづくりに利用される熱

図　蒸気サイクルの発電所では、数十万〜100万kWの電気をつくりだしています。わが国では現在、一世帯あたり3kW程度の電気が必要とされているので、100万kWの発電量は30万世帯で使える量になります。通常は交流で発電されます

10 ガソリンエンジンとディーゼルエンジンはどう違う？

　自動車は、私たちの生活に欠かせない移動手段です。わが国だけでも年間1000万台弱（2014年）がつくられています。その多くがガソリン車ですが、ディーゼル車も技術革新が進み、販売競争が激しくなっています。世界ではガソリン車72％、ディーゼル車28％（2013年）の比率です。

　ガソリンエンジンとディーゼルエンジンの違いは、燃料であるガソリンと軽油の性質の違いによります。ガソリンエンジンはガソリンの**引火点**を利用し、ディーゼルエンジンは軽油の**着火点**を利用します。引火点は別の火種で燃える温度で、着火点はみずから燃えだす温度、つまり自然発火する温度です。ガソリンの引火温度は-35〜46℃の範囲でとても低く、軽油は40〜70℃です。また、軽油の着火点は250〜300℃で、ガソリンの300〜400℃より低くなっています。こうしたことから、エンジンの構造が決められました。ガソリンエンジンは点火プラグをもち、ディーゼルエンジンでは高温高圧（300℃で2000気圧以上）を保てるがんじょうなエンジン室が必要でした。

　ガソリンエンジンは高速回転が可能で、排気量あたりの出力を大きくできますが、効率は25％前後にとどまります。一方のディーゼルエンジンは低速回転が得意で、大きなトルクをだすことができます。また効率はガソリンエンジンより高いという評価が多く、「クリーンディーゼル」という環境性を高めた技術も確立されています。

　上記の原理から、動力を生みだすためのサイクルにも少し違いがあり、ガソリンエンジンでは吸気（ガソリンと空気の混合気体

第5章 モノづくりに利用される熱

を吸い込む)、圧縮、点火で爆発的に燃焼させ、その後排気します。ディーゼルエンジンでは、吸気(空気)、圧縮(ここで高温高圧空気に軽油を注入)して爆発的に燃焼し、その後排気します。

ガソリンエンジン

- 排気
- 高電圧
- ガソリン+空気
- 排気弁
- 吸気弁
- 点火プラグ
- 火花発火により爆発的燃焼
- 冷却フィン

ディーゼルエンジン

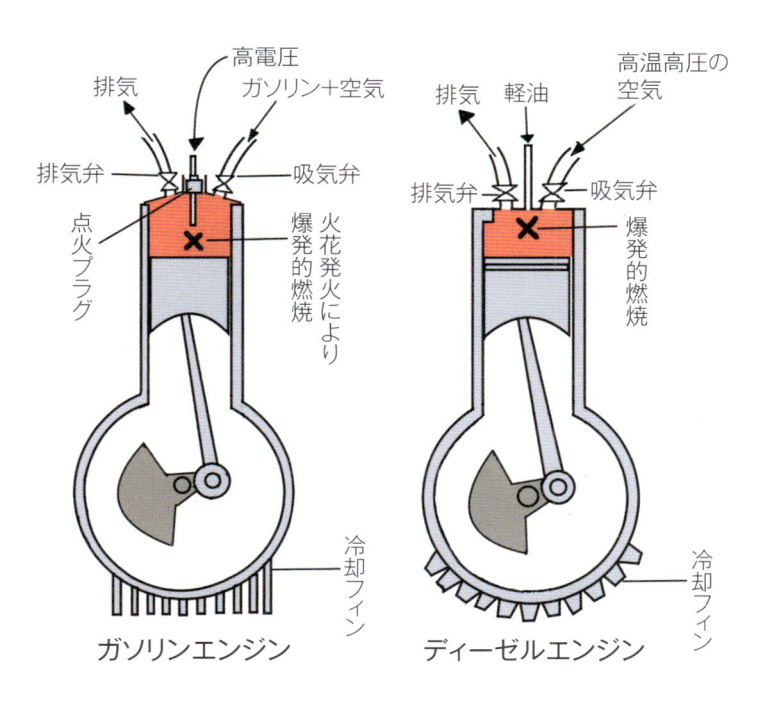

- 排気
- 軽油
- 高温高圧の空気
- 排気弁
- 吸気弁
- 爆発的燃焼
- 冷却フィン

図 爆発的燃焼、それをピストンとクランク軸で回転運動に変換するという基本的な構造など類似点は多いのですが、燃料の違いから、ガソリンと空気の混合気体を圧縮しなければならないガソリンエンジンと、空気だけを圧縮すればいいディーゼルエンジンでは、効率にかなりの開きがでてきます

11 熱から直接、電気を取りだせるの？

　熱は現在、火力発電や原子力発電、地熱発電などで電気に変えられています。これらの発電所は装置が大型で、大量の熱や高温の熱源に適する方法でした。それに対して、熱の量や温度によらず、簡単な固体素子を用いて熱から直接電気を取りだす方法が開発されています。これを使うと体温と気温との差を熱源として発電することもできます。身近にある金属で、この発電の原理を説明しましょう。

　2種類の金属を半円の形に曲げ、それをつないで1つの輪にします。つなぎ目の片方を熱くし、もう一方を冷たくすると、温度差に比例して電気が発生し、金属の中に電流が流れます。この現象は、発見者の名前から**ゼーベック効果**と呼ばれています。この効果を使うと、直接熱を電気に変換できます。

　たとえば、2本の銅線と鉄線を用意して、両端をしっかりとねじって結び、片方にはアルコールランプの火を当て、もう一方を水道水で冷やします。これで500℃の温度差ができたとすると6.7mV（ミリボルト）の電圧が発生し、閉じた輪（回路）に電流が流れます。電流の大きさは、発生した電圧と線の形（断面積と長さ）で決まります（電気抵抗と同じ原理）。同じ温度の条件で金属を鉄線とニッケル線に替えると、電圧は17mVに上昇します。

　ゼーベック効果のしくみを、金属棒の電子の動きで考えてみましょう。金属中の電子は、制約なしに金属内を動き回る**自由電子**で、温度に応じて速度が変わります。つまり、温度が高い場所の電子と低い場所の電子では、動きに差ができます。金属の両端に温度差をつけると、低温側には電子がたまり、高温側は少

第5章 モノづくりに利用される熱

なくなります。温度の差が電子の運動の差になり、電子の密度が変わるのです。電子密度の差は、つまり電圧です。そして、この両端に電線をつないでやると、電流を取りだせます。電線の間に抵抗器を入れると、仕事をさせることができます。これが、熱から電気を直接取りだす**熱電発電**です。

取りだせる電気の大きさは現在のところまだ小さく、効率も低いのですが、へき地の無線中継局の電源や、宇宙探査機の通信用の電源として、熱電発電器が活躍しています。また自動車の排熱やごみ焼却炉の熱の利用など、さまざまな熱を利用する熱電発電の開発が進められています。

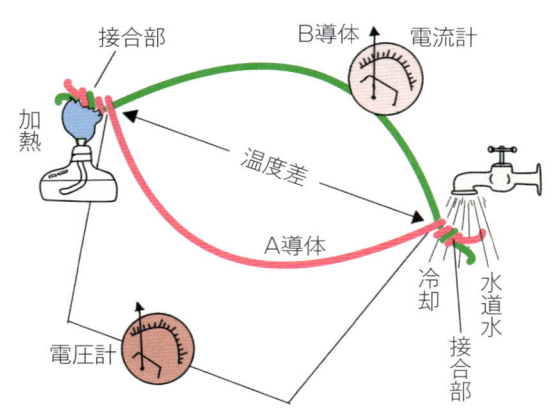

図1　種類の違う2つの導体（金属）を接合し、片方の接合部を温め、他方を水道水などで冷やすと、両端の温度差に比例した電圧が検出できます。これは乾電池と同じ直流です。温度差が続いているかぎり電流が流れます。熱電半導体と呼ばれる固体素子を使うと、効率よく熱から電気を得ることができます

図2　熱電発電を構成する最小単位の本体。熱電池ともいいます

12 太陽熱を集めよう

　太陽光を虫メガネで集めると、焦点(しょうてん)に置いた紙に火を起こせることはご存じでしょう。レンズに入った光が屈折して1点に集まるからですが、こうした光の性質を利用する装置を大規模に展開すると、かなり高い温度の熱が得られます。

　放物線を描く曲面を利用すると、反射した電磁波を前方の焦点に集めることができます。衛星放送のパラボナアンテナがその例で、太陽熱を利用するときは、曲面を鏡にした**パラボラディッシュ**を使います。これは調理や小規模動力に使われます。大型のものは、焦点部に媒体を循環できるパイプが使われます。このときの集熱温度は150〜500℃になります。

　これを推し進めると、太陽を追尾できる多数の平面鏡を用いて光を1点に集める**タワー型集光**になります。広い土地で熱の損失を極力減らすと、集熱温度は400〜1500℃にもなります。

　一方、凸レンズを大型化するのは技術的にもコスト的にも難しいので、凸レンズの曲面を分割して薄く平面上に並べた**線形（リニア）フレネルレンズ**が登場しました。光の屈折をうまく利用して焦点に結ばせるこの方式での集熱温度は、放物面鏡と同じくらいです。

　得られた太陽熱の利用法は、蓄熱装置と組み合わせることで、発電から調理用途までさまざまに広がっています。小型の太陽熱調理器はすでに市販されており、5000〜1万kW規模の太陽熱発電所もスペイン、オーストラリアで商用運転されています。また、太陽熱を使う海水の淡水化プラントは商用化が近づいているということです。

第5章 モノづくりに利用される熱

太陽熱の集光方法

(a) おなじみの凸レンズ
（大型のものはあまり使われない）

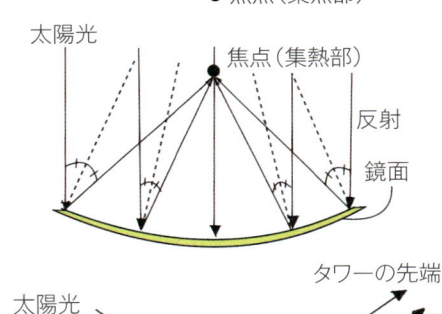

太陽光 / 屈折 / 焦点（集熱部）

(b) 放物面鏡

太陽光 / 焦点（集熱部） / 反射 / 鏡面

(c) 平面鏡
（超大型タワー集光のパーツ）

太陽光 / タワーの先端 / 集熱部 / 反射 / 鏡面

(d) フレネルレンズ
（鏡タイプもある）

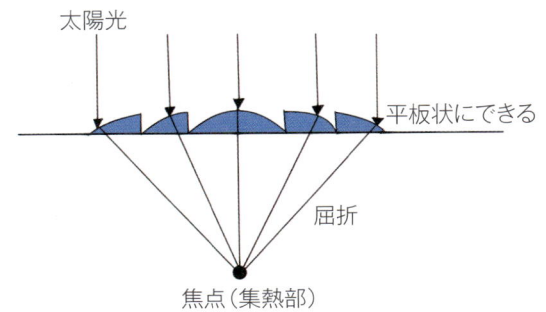

太陽光 / 平板状にできる / 屈折 / 焦点（集熱部）

13 地熱で電気がつくれるの？

　火山国日本には、たくさんの地熱エネルギーがありそうです。このエネルギーを電気に変えることはできるのでしょうか？

　地熱エネルギーを利用するには、地下の**地熱貯留層**にある高温高圧の熱水を汲み上げるために、**生産井**と呼ぶ井戸を掘る必要があります。高温高圧の熱水は、火山帯の地下数kmから数十kmにある約1000℃の**マグマだまり**による熱と、岩石の割れ目を伝って浸透してきた雨水とによってつくられたものです。質のよい熱水は、200～350℃の蒸気と高温水になって生産井から噴出します。これから**汽水分離器**で蒸気を分け、蒸気の力でタービンを回す蒸気発電（p.146参照）を行います。

　通常の蒸気発電との違いは、復水器で蒸気を水に戻したあと、利用ずみの高温排水といっしょに**還元井**で地中に戻すことです。この理由は、地下にあった資源は地下に戻し、自然環境をなるべく壊さないようにするためです。

　もう1つの違いは、冷却に使う低温源です。通常の火力発電所では復水器の冷却に海水が使えますが、地熱発電はおおむね山の中で、河川が遠方の場合もあり、冷却水を再利用する必要があります。復水させるため冷却水の温度が上昇するので冷却塔で空冷し、ふたたび復水器で利用しています。

　地熱の熱水温度が80～150℃のときは、蒸気発電では装置が大きくなって経済的ではないため、低沸点媒体を利用する**バイナリー発電**が採用されます。

　地熱発電は安定した電力を供給できる純国産エネルギーなので、積極的に進めていきたいものです。

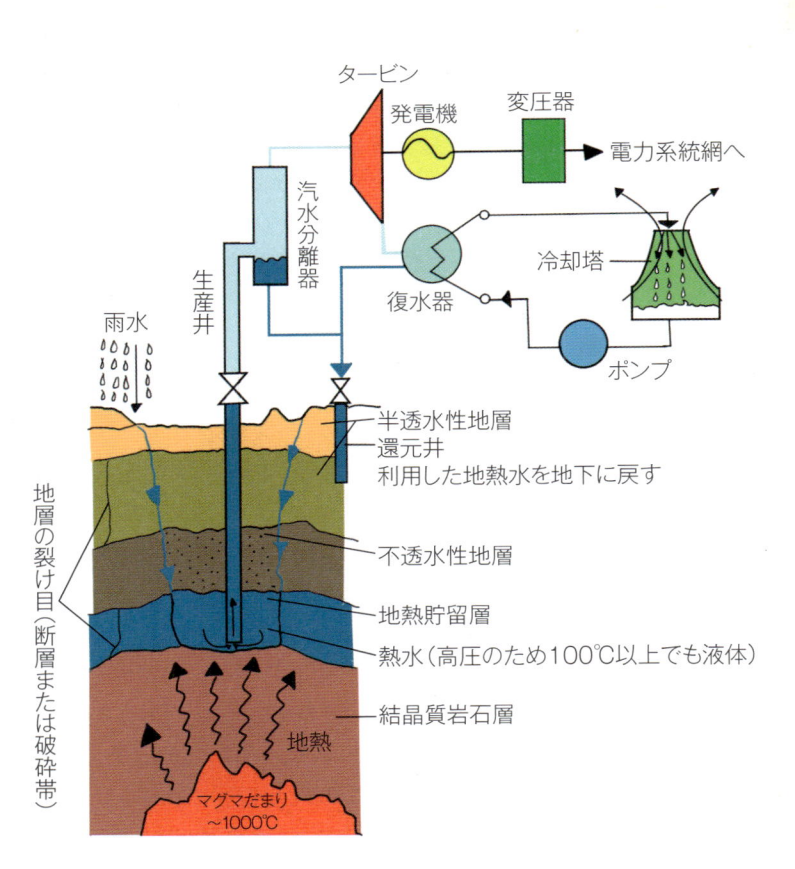

第5章 モノづくりに利用される熱

図中ラベル：
- タービン
- 発電機
- 変圧器
- 電力系統網へ
- 汽水分離器
- 生産井
- 復水器
- 冷却塔
- ポンプ
- 雨水
- 半透水性地層
- 還元井　利用した地熱水を地下に戻す
- 不透水性地層
- 地熱貯留層
- 熱水（高圧のため100℃以上でも液体）
- 結晶質岩石層
- 地熱
- マグマだまり〜1000℃
- 地層の裂け目（断層または破砕帯）

図　地熱発電は火力発電とほとんど同じ発電原理ですが、異なる点は、規模が数万kWから大きくても20万kW程度ということです。また蒸気の力が弱いという違いもあります。取りだした熱を徹底的に利用する見地から、低沸点媒体を使うバイナリー発電が試行され、利用可能な温度の範囲を広げています。現在、日本での地熱発電は、大型火力発電所半基分50万kWくらいの出力となっています

14 風から熱をつくる風力発熱機

　風から熱をつくるために、自動車や電車で使われるブレーキの応用が検討されています。ブレーキの役目は、動いているものを減速し止めることです。山道の下り坂でブレーキを使いすぎると、ブレーキ部分が過熱して効かなくなるので注意が必要です。これは、走行する自動車のエネルギーがブレーキ部分で熱に変換されるからです。この自動車のタイヤをプロペラに置き換え、ブレーキを**発熱機**に換えたのが**風力発熱機**のアイデアです。

　一般的な風力発電は、二酸化炭素を排出しないので環境にやさしく、エネルギー源も尽きることはありません。しかし風は強さや向きが不安定で、一定の電力を発電することができません。そのため風力発電の電気はそのままでは利用しにくいものでした。そこで風の力をいったん熱に変え、その熱をためて利用する方式が見直されています。この方式で風力の利用は安定しますが、高効率で信頼性の高い風力発熱機が必要です。

　風力発熱機には、自動車にもある**電磁ブレーキ**の原理が使われます。風の力でプロペラが回ると、その軸に取りつけられた磁石が回転します。すると、電気抵抗をもったケースに渦電流が流れ、熱が発生します。この原理はIH調理器(p.104参照)と同じです。この熱を蓄熱装置にため込み、必要なときに利用するのです。800℃程度の温度まで上げることが可能です。大型風力発熱機なら安定した発電や製品の加工に使えるでしょうし、小型のものも浴用や炊事、暖房に活用できそうです。早く製品として登場してほしいものです。

第5章 モノづくりに利用される熱

風力発熱機

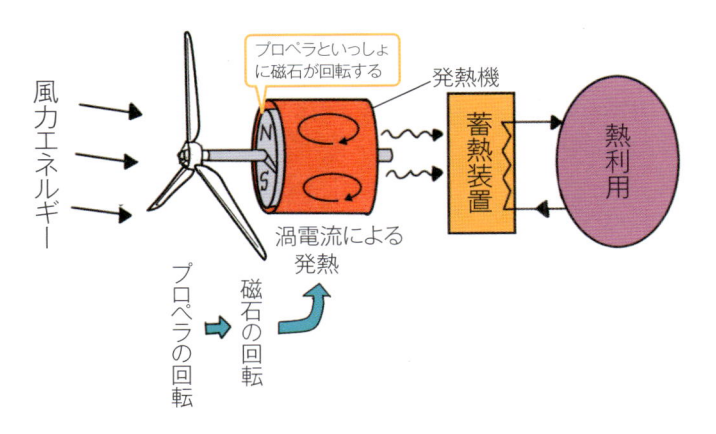

図 風力エネルギーを電気ではなく熱に変えることもできます。風力によるプロペラの回転で磁石の強さを時間的に変化させ、外筒導体に渦電流を発生させます。電流と導体のもつ電気抵抗によって抵抗加熱となり、熱が発生します。変動のある風を熱に変えることで、その出力の変動をおだやかにできます。発熱機は従来の発電機より軽量にでき、コストが下がることが期待されています

15 5000℃の熱をつくるには？

　太陽の光球は6000～8000Kもの高温であることを1-02節で説明しましたが、身のまわりにはこれに近い温度でなければ加工できない製品がいろいろあります。

　その1つが、シャープペンシルや鉛筆の芯です。これは450年くらい前に発見された黒鉛（グラファイト）を加工したもので、融点は3550℃です。そのほか、キュービックジルコニアをつくるには3000℃近い温度が必要です。これはダイヤモンドに近い輝きをもち、宝飾品によく使われます。また、融点が3407℃のタングステンも照明器具に使われています。さらに、鉄鋼やセラミック包丁をつくる過程でもこうした高温状態が必要です。

　5000℃付近の温度を実現するには、石油や天然ガスなどの化石燃料を燃やしたり、電気ヒーターでは力不足で、せいぜい2000℃くらいにしかなりません。プラズマの性質を利用する**アーク放電**という特別な方法で、ようやく可能になります。

　耐熱材で囲んだ容器に空気やアルゴンガスを封入、もしくは真空にして、向かい合わせた電極間に大電流を流します（たとえば$1cm^2$あたり数十万Aの交流か直流）。すると、気体分子が電子とイオンに分かれ（電離という）プラズマ状態が生まれます。プラズマは比較的簡単に6000℃くらいになります。

　さまざまな用途に合わせて小型から大型のアーク炉がつくられており、大気圧（0.1MPa）で使う実験用小型炉では、10Aくらいの電流でも6000℃ほどの高温を実現できます。

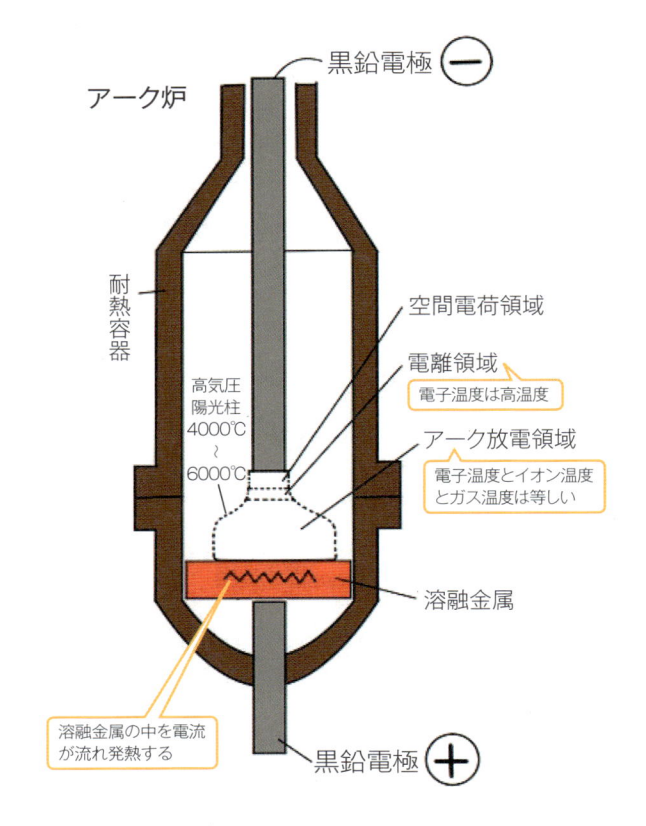

第5章 モノづくりに利用される熱

アーク炉

黒鉛電極 ⊖

耐熱容器

高気圧陽光柱
4000℃
〜
6000℃

空間電荷領域

電離領域
電子温度は高温度

アーク放電領域
電子温度とイオン温度とガス温度は等しい

溶融金属

溶融金属の中を電流が流れ発熱する

黒鉛電極 ⊕

図　容器の上下にある黒鉛電極の間に、その周囲の気体を絶縁破壊できる電圧を加えて大電流を流すと、気体分子の一部が電子とイオンに分かれ、温度が4000〜6000℃近くになります。この高温により普通なら溶けない金属などを溶かします。溶けた金属の中にも電流が流れ発熱しています

16 熱交換器ってなに？

　私たちの身のまわりには、いろいろな熱交換器が働いています。熱交換器の役割は、高温なり低温の熱源から必要な装置に熱を与えたり、受け取ったりすることです。エアコン、冷蔵庫、ガス給湯器、瞬間湯沸かし器、トイレの温水洗浄便座、ヘアドライヤー、パソコンのCPUクーラーなど家電や電子機器に使われています。自動車、電車、航空機にはさまざまな種類の熱交換器が内蔵されています。発電所や多くの製造工場では大型の熱交換器が使われています。化学工場は熱交換器の集まりといえるほど多く使われています。私たちのからだの中でも、動脈と静脈の間で熱交換が行われています（p.124参照）。

　異なる成分の流体同士は、金属などの伝熱面を介して熱交換するのが一般的で、**隔壁型熱交換器**といいます。それに対して隔壁をもたず、流体同士で熱を直接交換することも条件しだいで可能です。これを**直接接触型熱交換器**といいます。扇風機の前でぬれたタオルを乾かすときは、直接接触型の熱交換が起こっています。

　高温熱源は燃焼ガスや空気のような気体の場合が多いのですが、固体や液体もあります。低温熱源の媒体は、水（水道水、河川水、海水、循環水）や空気（大気）が一般的です。

　熱交換器は、軽量・コンパクトで、温度差をできるだけ小さくできるものが求められます。そのため、表面にフィンをつけて熱がふれる接触表面積を増やす工夫もなされます。流体では、流体の速度と熱伝導率などによって、対流熱伝達の性能が決まります。流体の方向を対向流や並行流にするのは、目的が違うからです。

第5章 モノづくりに利用される熱

冷蔵庫やエアコンでは、循環させる媒体を蒸発（液体→気体）させたり凝縮（気体→液体）させるなど、状態を大きく変化させて（相変化という）、大きな熱をやり取りする熱交換器が使われます。

熱交換器の材料には、アルミニウム、銅、鉄などの金属合金がおもに使われます。特殊な医療用では、テフロンのような合成樹脂が使われる場合もあります。発電所などで海水を使う場合、腐食を避けるためにチタンを使うこともあります。

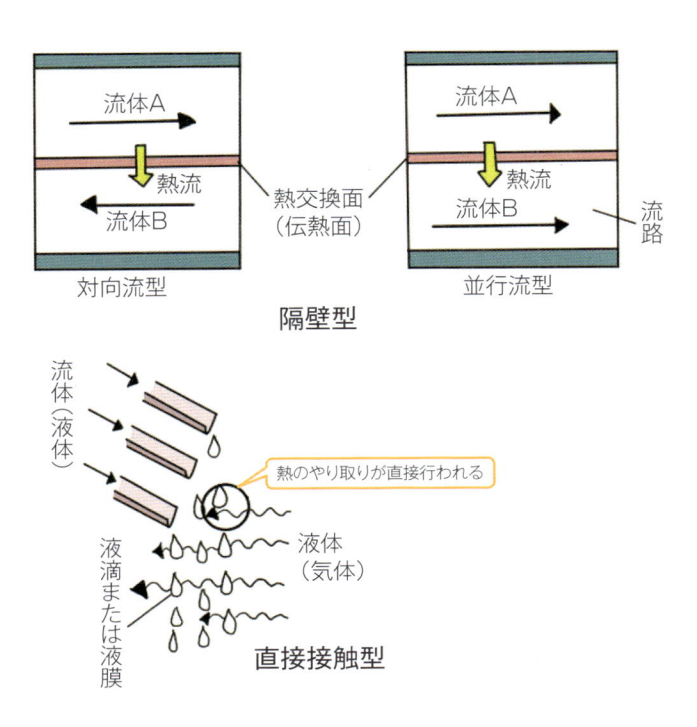

図　熱を扱う場合、熱交換器はかならず使われます。ある流体から熱を別の流体に移動させるもので、伝熱面を介して行う場合を隔壁型熱交換器といいます。流体同士を直接接触させて熱を伝える、直接接触型熱交換器もあります

17 金属より早く熱を伝えるヒートパイプ

ヒートパイプは、熱を伝えるために特別につくられたものです。通常の熱伝導は、金属などの素材がもつ特性に左右されますが、ヒートパイプは熱伝導率の高い銀や銅に比べても数百倍の高い性能を誇ります。これを電子機器に使うと、冷却性能が向上するので動作が安定し、パソコンのCPUなどの冷却にも力を発揮します。また、寒い地方では融雪のために利用したり、大規模なものでは天然ガスの長距離パイプラインの放熱などにも使われています。

ヒートパイプの中には、熱を運ぶ水などの媒体が封入されています。高温側が加熱されると、中の媒体が熱を取り込んで蒸気に変わり、この蒸気が高速で低温側に移動し、そこで凝縮して熱をはきだします。凝縮した媒体は、毛細管現象を利用して高温側に戻してやります。この蒸発・移動・凝縮・移動というサイクルを繰り返して熱を運ぶのです。

水が蒸発するときの熱は、液体を1℃上昇させる熱エネルギーの実に約540倍も多くなります。さらに水蒸気は音速に近い速度で移動するので、ヒートパイプの高温部と低温部の温度差が小さくても十分機能します。金属も熱を運ぶ電子は光速に近い速度で移動しますが、質量が小さいので、低温側で金属原子まで同じ温度になるには時間がかかります。この差が数百倍もの熱伝導率の差になるのです。

熱が伝わるときの温度差が小さくても機能することは、その後に熱を有効利用するときの大切な条件です。また、ヒートパイプの低温側の面積を変えることもできます。運ばれる熱の総量は

一定ですが、放熱部分の面積あたりの熱量を変えられるので、熱の密度を改善できてコンパクトにすることもできます。動作する温度は4Kから2300Kまでと広範囲ですが、パイプ内に封じる媒体を、目的に合わせて選ぶ必要があります。高温でも安全に動作する媒体を見つけることが最大の課題です。

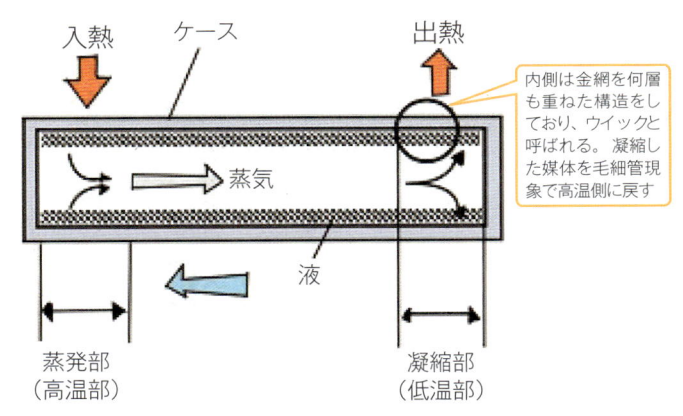

図1 ヒートパイプは、外側の金属パイプと、内側のウイックと呼ばれる細い金網を多層化した構造をもち、パイプ内の空間部分には、動作温度によって選ばれた水や代替フロンなどの媒体が減圧されて封入されています

図2 パソコンのCPUや電子回路全体を冷やすための銅パイプを使ったヒートパイプ(放熱用アルミフィンが付属)と、アルミ製の平板型ヒートパイプ(方向性はない)の例

18 アナログ？ デジタル？ 温度計の話

　セ氏温度は、定点（純水の融点と沸点）間の温度を100等分して決められたことは、すでに説明しました（p.10参照）。これを目に見える状態にしたのが**温度計**です。私たちは、からだがだるくてかぜ気味だと感じたときは、まず体温を測ります。日常的にお風呂の温度を設定したり、暖房や冷房の温度を設定します。暮らしのいろいろなところに温度が顔をだすのがおわかりでしょう。

　最近の温度計は、デジタル表示のものが増えてきましたが、昔からあるのは、目盛りをつけたガラス棒の中に液体を封入した**棒状温度計**です。封入された液体は**感温液**といい、棒状温度計は感温液が熱によって膨張・収縮する様子を目盛りで表したものです。水銀、赤く着色された有機液、灯油などが使われます。棒状温度計は通常-20～100℃の範囲で使われますが、-50～200℃まで計測でき、特殊なものは650℃まで測れるものもあります。

　最近の家電製品のデジタル温度表示には、温度の変化を電気信号に変換する温度計が使われます。**サーミスタ**と呼ばれるもので、温度によって電気抵抗が変わる複合酸化物半導体を利用して温度を電気信号に変え、ICチップなどの電子回路で液晶画面に表示しています。常温付近では、10℃の温度変化に対して約30％も抵抗値が変化します。精度は±0.1℃で、測定範囲は-50～200℃です。

　それ以上の広い範囲の温度を計測する場合に使われるのが、**熱電対**です。これは、異なる2種類の金属を接合して、接合部と他方の端に異なる温度を与えると、温度差に比例した電圧が得られることを利用します。金属の種類と組み合わせを変えると、

−272～2200℃まで幅広く温度を測れます。−200～300℃用の熱電対には、銅とコンスタンタンが使われます。精度は±0.2℃です。構造が簡単なので、非常に小さいものも接触させて測ることができます。

図1　サーミスタを使った体温計

熱電対による温度計測

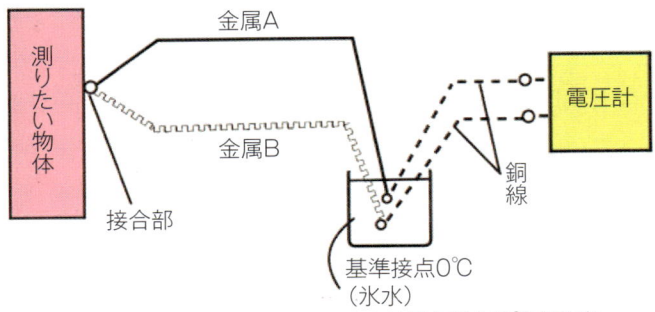

金属の組み合わせで温度範囲が決まる
　クロメル－アルメル：−200～1000℃
　銅－コンスタンタン：−200～300℃
　白金ロジウム－白金：0～1400℃

図2　熱電対は2つの異なる金属を接合したもので、計測したい部分に接合部を密着させ、他端を冷接点（氷水で0℃を基準）にして両端の電圧を測ると、電圧に対応した温度がわかります。金属を使うのは、温度と電圧が測定範囲の全域にわたって比例する（直線性がある）からです

19 温度分布を画像にする赤外線サーモグラフ

　熱を直接見ることはできません。しかし**サーモグラフ**の技術を使うと、物体の温度分布を画像で確認できます。

　サーモグラフが温度分布を画像に変えるしくみは、次のようなものです。熱をもった物体は、電磁波（赤外線）を放射します。この赤外線を**マイクロボロメーター**と呼ばれる0.05mm²ほどの熱型検出器（受光素子）でとらえると、赤外線を吸収したところの温度が変わり、電気抵抗が変化します。この信号を電子回路で映像処理してディスプレイに表示します。赤外線の吸収による熱を、電気抵抗ではなく電圧に変換する**サーモパイル型**もあります。信号の処理方法は同じですが、こちらのほうが高温の対象物にも幅広く対応できます。

　現在はサーモグラフ化（画像化）できる温度領域は、−40〜2000℃くらいです。温度が下がるほど波長は長くなり、放射エネルギーの量も小さくなります。どこまで低い温度を表示できるかは、検出器の受光感度によって決まります。分解能は0.1℃です。通常の絶対値としての温度精度は±1.5％程度ですが、その精度を上げるためには、表面の放射率を物体に合わせて識別することが必要です。そのための工夫として、補助赤外線を逆に装置側から放射し、その反射光と重ね合わせて補正する手法が開発されています。また、可視光は通さないのに赤外線だけを通すゲルマニウム化合物系のレンズが使われています。

　サーモグラフは、熱を発生するものなら人や動物はもちろん建築物から電子部品まで、大小を問わず複雑な形状でも計測できるので、幅広い分野で活躍しています。

第5章 モノづくりに利用される熱

マイクロボロメーター
赤外線（熱）

- 赤外線吸収膜
- ボロメーター抵抗（アモルファスシリコンなど）
- 熱により抵抗値が変わる
- 足
- 熱が逃げないように電気信号を運ぶ

→ 画像化信号処理へ

サーモパイル
赤外線（熱）

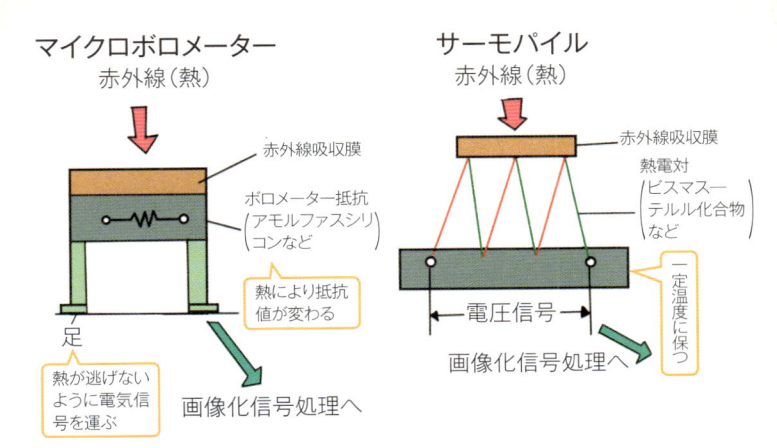

- 赤外線吸収膜
- 熱電対（ビスマス－テルル化合物など）
- 電圧信号
- 一定温度に保つ

→ 画像化信号処理へ

図1　サーモグラフの温度を電気信号に変える素子部には、2通りの方式があります。マイクロボロメーターでは温度による電気抵抗の変化を検出します。サーモパイル型は微小な熱電対を束ねて電圧の感度を上げる方式です。この検出素子が画像にした場合の1つひとつの点の色となります

図2　サーモグラフの例

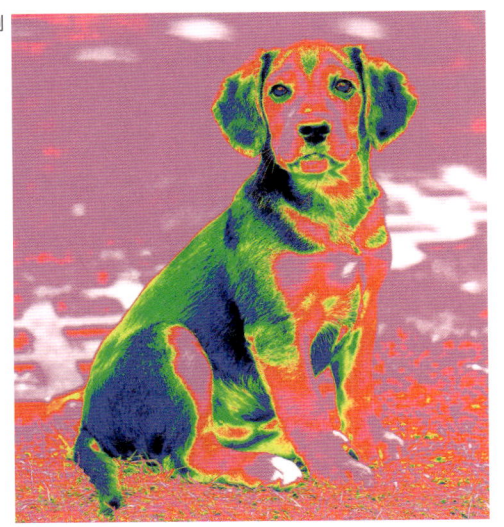

20 電気で冷やす熱電素子とは？

　最近、病院やホテルの冷蔵庫が静かになったことに気づかれた方はいるでしょうか？　ワインの手軽な保存庫を利用している人もいるかもしれません。保冷剤より長く冷やせるクーラーボックスや、微粒子が飛びだすドライヤー、冷える電動シェイバー（ひげ剃り）などといったアイデア商品も開発されています。これらには、電流を流した固体素子を接触させて瞬間的に冷やす技術が使われています。エアコンの裏方としてひと役買っている場合もあります。

　この技術は、**電子冷却**とか、発明者の名前を取って**ペルチェ冷却**と呼ばれています。身のまわりを快適にするために、この原理の応用を考えてみるのもいいかもしれません。

　ペルチェ冷却は、単純な構成であることが特徴です。電子が電流を運ぶn型とプラスの電荷を運ぶp型の2種類の固体素子（**熱電素子**）を電極でつないだものだからです。そして、厚さ数mmの平板形状で数mm四方や5cm四方というように、どのくらいの温度まで冷やすかとか、どのくらいの熱量を扱うかなどで、目的に合わせて大きさを自由に決められます。

　基本構成としては、この熱電素子群をまとめた平板（**熱電モジュール**という）に冷やしたい面をつけ、反対側に放熱面をつけます。こうした構成にする理由は、冷やしたい面から熱を奪い、固体の中の電子で運び、放熱面から外に捨てるというしくみを電流でつくっているためです。

　実は、室温近辺の温度を少し下げ、正確に一定に保つことが最も得意だったりします。-20℃に冷やすこともできます。複数

第5章 モノづくりに利用される熱

を重ねて多段にすると、さらに温度を下げられます。2段では冷却能力4Wで-65℃まで下がり、8段では-128℃(ただし冷却能力は10mW)まで下げられることが確認されています。また、電流を反転させるだけで、加熱することもできます。

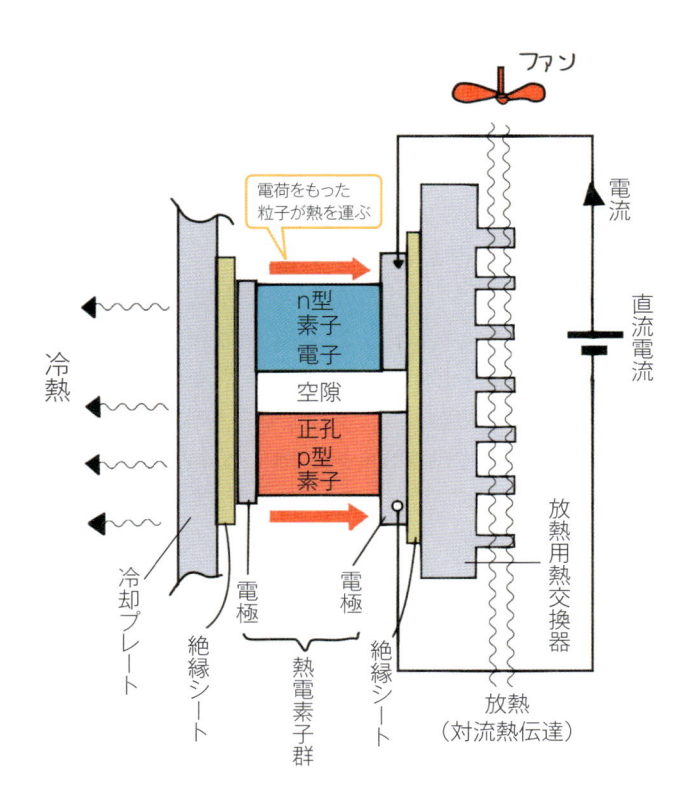

図 電気で冷やすためには、冷却プレートと放熱用熱交換器で熱電素子群をはさんだ構成にします。熱電素子群に電流を流すと冷却プレート側から熱を奪い、その熱を電子(マイナスの電荷)や正孔(プラスの電荷)が放熱側に運びます。放熱用熱交換器では大気や水に熱を放出します。つまり熱電素子群は、熱をくみだすポンプのように働きます

21 熱で水素がつくれるの？

　水素ガス(H_2)を燃やすと熱が発生し、水蒸気(H_2O)になります。そのため、化石燃料を燃やすとかならず炭酸ガスが排出されるのとは違い、環境にやさしいエネルギー源として注目されています。しかし、水素は資源の形では存在しないので、なんらかの方法でつくる必要があります。電気も同じで、このようなものを二次エネルギーと呼んでいます。

　水を電気分解すると酸素と水素ができるのは、よく知られています。しかし、わざわざ電気を使って水素をつくっていたのでは、コストがかかりすぎます。このため、太陽熱を使って水から水素を効率よくつくる方法が、かなり前から研究されてきました。

　単純に水の温度を上げていき、水素と酸素に分けるには、4765Kもの高温が必要です。ここまで温度を上げるのは大変なので、2000Kと700Kの2段階の熱を使って、水から水素を取りだす方法が試みられています。利用するのは酸化鉄です。酸化鉄にはいろいろな種類があるので、鉄の性質をうまく利用して水素をつくります。

　鉄の酸化物(黒さび)を2000Kで熱し、酸素が1つとれた別の酸化鉄をつくります。次に温度を700Kに下げ、そこに水を加えると水素ガスが発生し、酸化鉄は元の黒さび状態に戻ります。これを繰り返してやると、熱で水が分解し、水素が発生したことになります。熱として太陽エネルギーを使った場合は、25％の効率で変換できるといわれています。

　水素で発電する燃料電池を使うと、環境に負荷を与えることなく電気や熱が利用できます。持続可能な社会をつくるエネルギ

第5章 モノづくりに利用される熱

ーの1つとして、水素は今後ますます注目されていくでしょう。

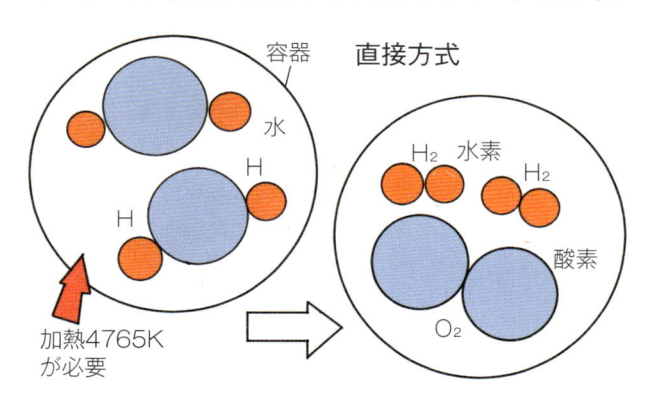

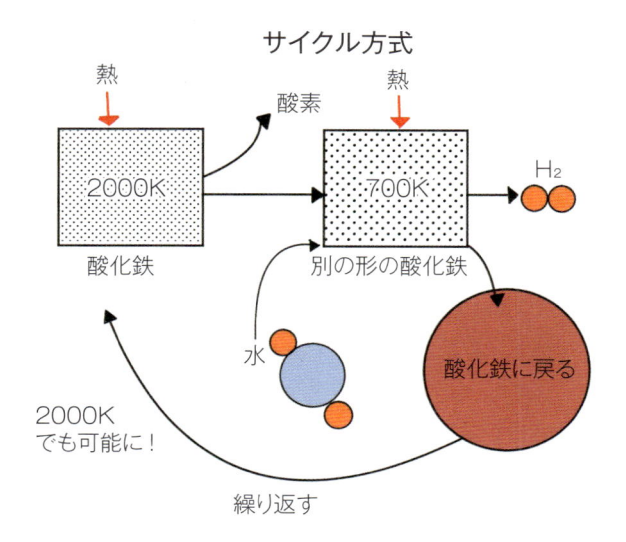

直接方式

容器 / 水 / H / H
加熱4765K が必要

H_2 水素 / 酸素 O_2

サイクル方式

熱 → 2000K 酸化鉄 → 酸素
熱 → 700K 別の形の酸化鉄 → H_2
水 → 酸化鉄に戻る
2000Kでも可能に！
繰り返す

図　熱だけで水を熱分解して水素を得るには、4765K(約4500℃)の熱が必要ですが、2000Kと700Kの2つの熱源を使うと、酸化鉄の反応サイクルを利用して水から水素を得ることができます。元になる酸化鉄はいわゆる黒さびといわれるものです。この熱源として太陽光を使う試みがなされ、実験が行われています

22 高温の熱をためるにはどうする？

　熱を利用したい時間と熱が発生する時間が一致しない場合、熱をためておくことができれば便利です。たとえば太陽熱温水器の場合、日中に太陽熱で温められた温水を夜間にお風呂で使います。通常は熱を逃がさない断熱容器に温水をためておくので、必要なときに利用できます。これを**温水顕熱蓄熱**といいます。

　水は熱容量が大きく、入手も容易で安全・安価ですから、40～60℃くらいの範囲では最適な媒体になります。さらに高温で蓄熱しておけば、調理などにも用途が広がります。その方法の1つが**ケミカル蓄熱**です。これは、化学反応の反応熱を利用するものです。蓄熱材の性能は、重量あたりに蓄えられる熱量である蓄熱密度が1つの目安になります。単位は[kJ/kg]です。60℃の温水で蓄えたとすると、蓄熱密度は250kJ/kgです。

　ケミカル蓄熱材に**酸化カルシウム**(生石灰)を使うと、水の8～10倍の蓄熱密度約2000kJ/kgが得られます。450℃の熱が必要ですが、利用温度が200℃という高温で使えます。蓄熱した熱を使うときは**放熱工程**と、蓄熱材を再度利用して蓄熱する**蓄熱工程**が必要です。蓄熱工程では450℃の熱で脱水し、酸化カルシウムと水に分離し、放熱工程に戻します。

　これ以外にも、甘味料の一種である**エリスリトール**(エリトリトールともいう)を使い、蓄熱温度119℃で利用する方法が検討されています。この場合、サイクルを完成させるには160℃の入熱温度が必要です。また、蓄熱密度は340kJ/kgです。

　将来的に自動車の排気ガスを有効利用する方法の1つとして、蓄熱システムの導入が考えられています。自動車に搭載された蓄

第5章 モノづくりに利用される熱

電池の温度管理や、エンジンスタート時の暖機運転時間の短縮、速やかな暖房などに活用できる可能性があります。

蓄熱工程

水酸化カルシウム → 酸化カルシウム
450℃で加熱
蓄熱：約2000kJ/kgの熱
水

放熱工程

酸化カルシウム → 水酸化カルシウム
水
放熱：200℃の熱
熱利用
蓄熱工程へ

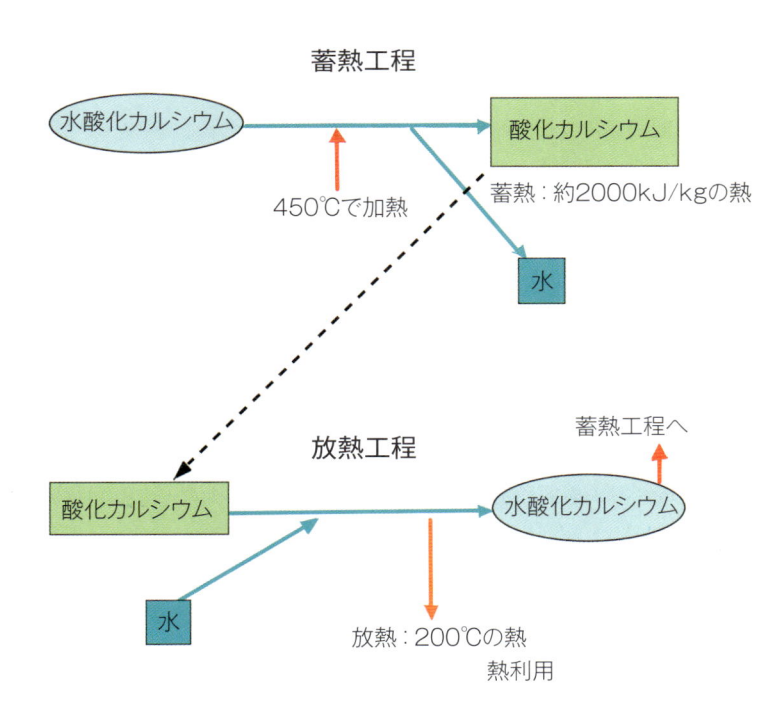

図　蓄熱工程では、450℃の熱を用いて水酸化カルシウムを酸化カルシウムに変化させ、酸化カルシウム1kgあたり2000kJ弱のエネルギーを蓄えさせます。放熱工程では、酸化カルシウムに水蒸気を注入して水酸化カルシウムに戻しますが、そのときに得られる約200℃の熱を利用します

23 熱を運べると便利だが

　熱が発生する場所と利用したい場所が違うことはよくあります。都市ごみの焼却場は比較的町に近い場所にあるので、焼却熱の一部を温水プールの熱源に利用することがよく行われています。ところが、焼却場が町の中心部からかなり離れていると、熱の利用度が減ってしまいます。工場からの廃熱を含め、いろいろな場所で発生する余った熱を使いたい場所に簡単に運ぶことができれば、エネルギーを新たにつくらなくても快適さが向上します。

　熱をそのままの状態で運ぶアイデアは、①60〜90℃程度の高温水の輸送、②100〜150℃程度の水蒸気の輸送、③化学蓄熱材を用いたコンテナに蓄熱して輸送の3つがあります。

　①と②は、屋外の使用に耐久性をもつ断熱材でおおわれた輸送パイプの敷設が必要です。一度パイプラインを敷設してしまえば、もれなどの点検が必要ですが、運用コストはほとんどかかりません。大規模利用には適しているでしょう。しかし、利用場所が固定され、利用距離も数百mから数kmくらいが限度といわれています。

　③のコンテナ蓄熱輸送方式は、専用のトラックでコンテナを運ぶことになり、利用距離は数十kmまで可能で柔軟な対応ができます。利用場所は当然ながらある程度固定されますが、設備の拡張・縮小の自由度があります。規模の効果をもっていないので、目的や熱源によって最適なサイズがあります。

　熱の輸送量を重さあたりで考えると、高温水を1とした場合、蒸気は50倍、コンテナは10倍になります。蒸気では潜熱の輸送になるので、損失が大きくなる欠点があります。熱源から利用者

に届くまでの総合的な効率は、高温水を1とすると、蒸気は1.6倍、コンテナでは2.5倍ほどになり、有効利用の観点や自由度の大きさ、運べる距離から見て、コンテナ輸送が有望と思われます。

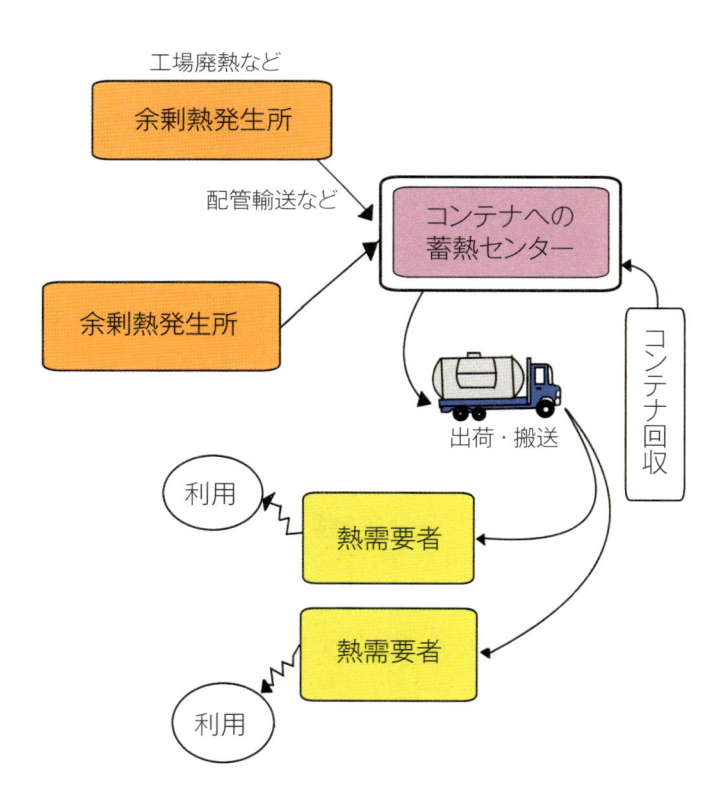

図　熱の有効利用を考えると、輸送は将来必須になるように思えます。物流は鉄道からトラック輸送に変わりましたが、鉄道もなくなるわけではありません。熱のコンテナ輸送時代がくる可能性は十分ありそうです。蓄熱センターに熱を集める方法は、輸送管方式とコンテナ方式の選択肢に分かれます

COLUMN 5
熱容量のふしぎ

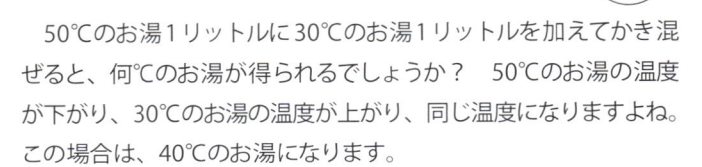

　50℃のお湯1リットルに30℃のお湯1リットルを加えてかき混ぜると、何℃のお湯が得られるでしょうか？　50℃のお湯の温度が下がり、30℃のお湯の温度が上がり、同じ温度になりますよね。この場合は、40℃のお湯になります。

　それでは、50℃のお湯1リットル（1kg）に30℃の鉄のかたまり1kgを入れると、何℃になるでしょうか？　考え方は前と同じです。違いは、お湯ではなく鉄という物質に変わっていることです。答えは、お湯の温度が48.1℃（もちろん鉄も48.1℃）になります。「えっ！　そんなに温度は下がらないの？」と思われた方はいませんか？　この違いは、お湯が鉄に変わったことが影響しています。物質によって温まり方が違う、つまりモノによってその内部に蓄えられる熱の量が違います。これを熱容量といいます。単位重さあたりの熱容量のことを、比熱といいます。熱容量は比熱に重さをかけ合わせたものです。

　水と鉄の比熱を比べると、鉄のほうが水の$\frac{1}{10}$くらい小さくなっています。いいかえれば、同じ温度にするのに鉄は水の$\frac{1}{10}$の熱量ですむということです。厳密にいうと、常温で水の比熱は4.179kJ/kgKで、純鉄の比熱は0.442kJ/kgKです。このケースでは重さが同じなので、熱容量は比熱の比（この場合は$\frac{1}{9.45}$）に等しいといえます。重さが違えば、温度への効果は重さに比例して変わります。

第❻章
宇宙と熱の話

最後に、熱エネルギーの起源にさかのぼり、宇宙に広がる熱環境についての素朴な疑問に答えます。

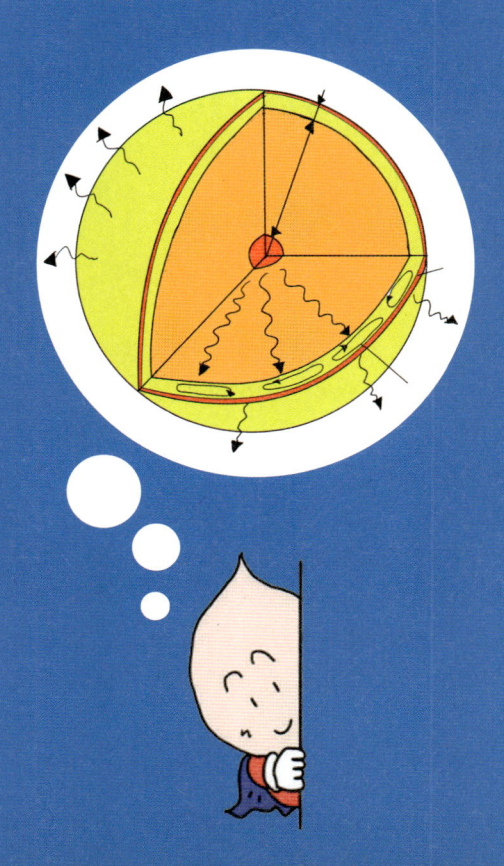

01 宇宙の熱の起源はなに？

　宇宙の起源にはいろいろな説がありますが、その1つに「無」から始まったとされる説があります。これにもとづくと、熱の起源は宇宙の始まりと同じです。この場合の「無」とは、なにもない状態ではなく、プラスとマイナスでゼロという状態、つまり"巨大な高温のモノが生まれた瞬間に消滅するという状態"と表現することもできます。このような状態であったものが、ゆらいだ瞬間に宇宙が生まれ、時間と空間が誕生したといわれています。

　そしてわずかな時間で重力が生まれ、宇宙の**インフレーション**（超急激膨張）が始まります。最初は直径が10^{-33}cmのエネルギーのかたまりでしたが、このインフレーションでサッカーボールくらいの大きさになります。体積膨張の割合でいえば、実に10^{102}倍に膨張したことになり、その高温でさらに急激に膨張を始めます。これが**ビッグバン**です。

　温度はビッグバンのときには10^{27}K（1000兆の1兆倍の高温）ほどもありましたが、3分後には1000万Kまで下がりました。それでも陽子（プロトン）や電子、中性子、光子などがすべてばらばらの**プラズマ**といわれる状態でしたが、宇宙が膨張するのにともない温度が下がり、しだいに安定した水素原子（陽子と電子が1対1で結合する）が形成されました。ビッグバンから38万年かけて宇宙が電気的に中性化したことで、光が直進できるようになりました。これは**宇宙の晴れ上がり**と呼ばれます。引き続き膨張は進み、10億年後には73Kとなり、約138億年後である現在は、宇宙背景温度として2.725Kがアメリカの宇宙背景放射探査衛星（COBE、1989年）によって観測されています。

第6章 宇宙と熱の話

無 → エネルギーのかたまりのゆらぎ
→ 時間と空間の誕生
宇宙の始まり

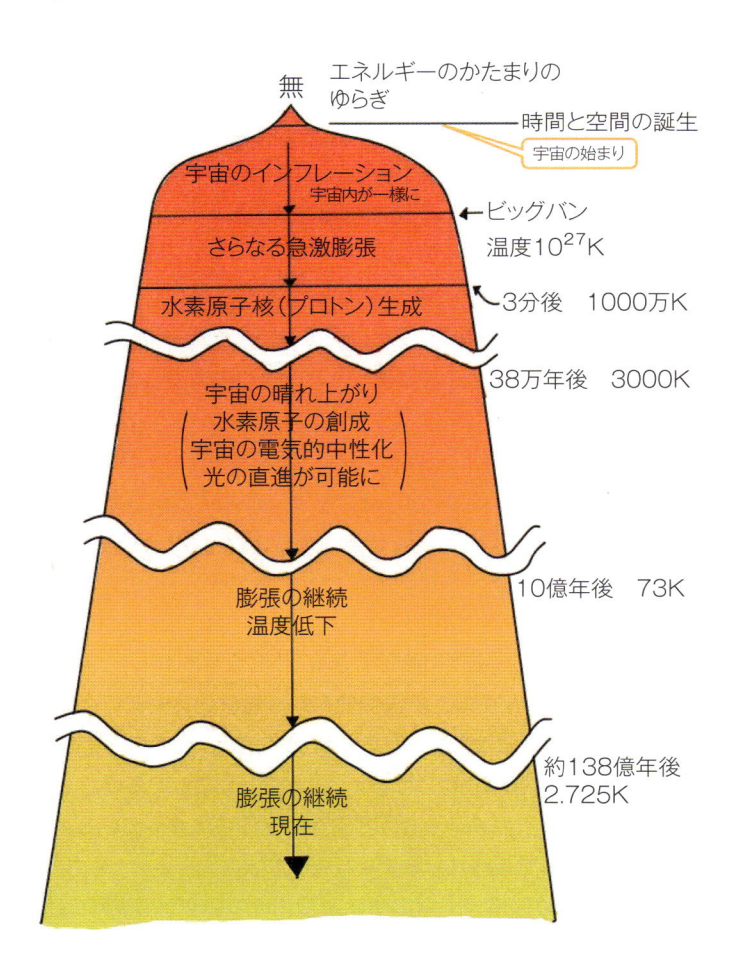

宇宙のインフレーション
宇宙内が一様に
→ ビッグバン
さらなる急激膨張
温度 10^{27}K
水素原子核（プロトン）生成
→ 3分後　1000万K

宇宙の晴れ上がり
水素原子の創成
宇宙の電気的中性化
光の直進が可能に
38万年後　3000K

膨張の継続
温度低下
10億年後　73K

膨張の継続
現在
約138億年後
2.725K

図　プラスとマイナスが同じ大きさでゼロという状態から、それがゆらいだ瞬間、時間と空間が生まれ、この宇宙が誕生したといわれています。10の27乗Kという想像を絶する温度でしたが、宇宙空間の膨張とともに急速に下がり、その過程ですべての物質のもととなる水素がつくられました

02 宇宙空間の温度は何度くらいあるの？

　宇宙空間の温度は、絶対温度で2.725K（セ氏では-270.425℃）といわれています。絶対温度0Kは、すべてのエネルギーがない状態ということですから、約3Kの温度はエネルギーゼロにきわめて近い状態といえます。

　熱は、酸素や窒素などの分子や原子の集まりのそれぞれ勝手な運動や振動の平均エネルギーという面と、その分子の集まりが放出している熱放射（電磁波）という、2つの面からとらえることができます。

　ただし宇宙空間では、平均すると水素原子核（陽子）が$1m^3$中にたった1個くらいしかなく、分子や原子の集まりから運動エネルギーの平均を求めて温度を決めるのは、大変難しいことです。一方、太陽が四方八方に熱放射したエネルギーを、私たちは熱として受け取っていることから類推すると、熱放射から生まれた電磁波をとらえれば、温度が推定できることになります。

　この電磁波の存在は、宇宙で使われる通信アンテナで受信されたノイズ（雑音電波）を極限まで取り除いていく研究開発の過程で、どうしても取り除けないノイズがあったことから確認されました。そして、このノイズは宇宙空間全体に広がっていることがわかり、その電磁波に対応する温度が2.725Kだとされたのです。

　ちなみにこの温度は、宇宙で熱を放出する際の低温源の温度として、人工衛星や宇宙ステーションなど宇宙空間で活躍する機器の放熱部の設計に活用されています。

第6章 宇宙と熱の話

宇宙に存在する水素原子核の運動の様子

直径 10^{-15}m 水素原子核

水素原子核を直径1mmの玉に置き換えてみると

直径1mmの玉

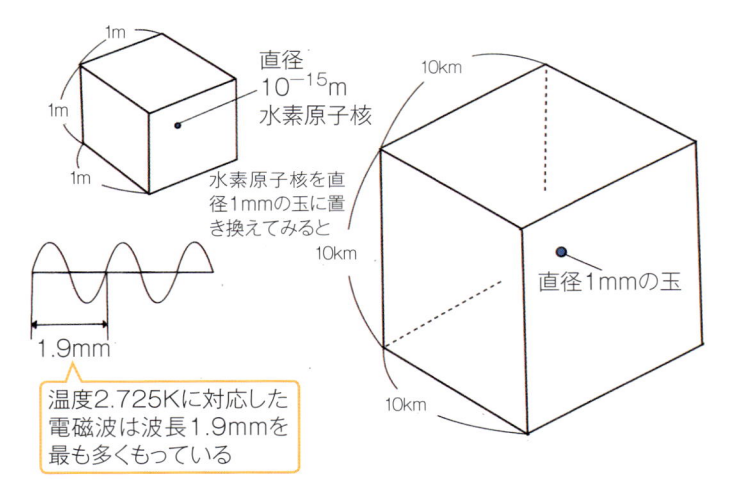

1.9mm

温度2.725Kに対応した電磁波は波長1.9mmを最も多くもっている

図　宇宙空間の温度を水素原子核の運動と考えた場合、1辺が1mの立方体の中に1個の水素原子核がある宇宙空間は、直径1mmの玉が1辺10kmの立方体の中に1個あるのと同じくらいの密度といえます。その水素原子核が約3Kの温度をもっているとすると、平均速度は秒速170mで運動していることになります

03 太陽熱はどうやってつくられる？

　太陽では、巨大な質量によってもたらされる強力な重力エネルギーによって、**中心核**（半径10万km）と呼ばれるところの密度は鉄の20倍にもなり、**熱核融合反応**で1500万Kという超高温の熱がつくられています。

　太陽の熱は、質量の約73.5％を占める水素からつくられます。中心核では、プラスの電気をもつ陽子（水素原子核）同士が超高圧と超高温によって激しくぶつかり、6個の水素原子核がかかわって最終的に水素原子核4個からヘリウム1個がつくられる熱核融合反応でエネルギーがつくりだされています。重さ（質量）1gの核エネルギーは、石油2250キロリットルの熱エネルギーに相当します。太陽は毎秒440万トンの水素原子核を反応させて、宇宙に向けて毎秒$3.85×10^{26}$Jのエネルギーを電磁波として放射し、光り輝いています。地球は太陽系の一惑星として、太陽からその約22億分の1のエネルギーを絶えず受け取り、生命をはぐくんでいるのです。

　この中心核でつくられた熱は、外側に広がる厚さ50万kmの**放射層**を熱放射によって伝わり、その外側の約10万kmの厚さの**対流層**に運ばれます。対流層では中心核からの高熱によって自然対流による熱伝達が起こり、巨大な多数の渦が激しく動いていると想像されています。さらに、その熱は太陽の表面である光球（300〜500kmの厚さ）と呼ばれる不透明層に**熱伝導**で伝えられ、6000〜8000Kの熱のかたまりから発せられた電磁波が宇宙空間に向けて飛びだしていくのです。

第6章 宇宙と熱の話

図1　6個の水素原子核から核融合反応によって陽電子(プラスの電気をもった電子)とニュートリノを放出し、最終的にヘリウム原子と2個の水素原子核になります。陽電子はマイナスの電気をもつ電子とただちに合体して、巨大な核エネルギーを熱エネルギーとして放出します。これが太陽のエネルギーの源です

中心核でのエネルギー創生

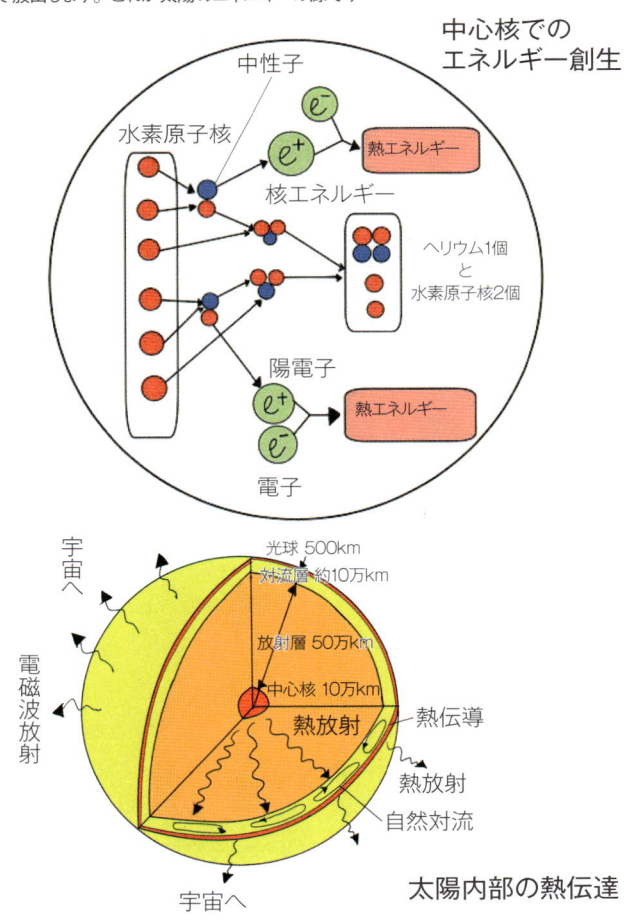

(中性子、水素原子核、核エネルギー、熱エネルギー、ヘリウム1個と水素原子核2個、陽電子、電子)

太陽内部の熱伝達

(光球 500km、対流層 約10万km、放射層 50万km、中心核 10万km、熱放射、熱伝導、自然対流、電磁波放射、宇宙へ)

図2　太陽の中心核で生まれた熱は、放射層と対流層で熱放射と自然対流および熱伝導によって表面に運ばれると、最上層の光球表面から宇宙に向けて熱放射されます

183

04 宇宙空間にあるモノの表面温度はどれくらい？

　地球にとってかかわりの深い衛星・月の表面温度は、太陽に照らされる面で最高110℃（383K）、反対側は-170℃（103K）といわれています。また宇宙ステーションの温度は、太陽光が当たる面で120℃（393K）、日陰の裏側は-150℃（123K）になります。宇宙ステーションでの船外活動時に着用する宇宙服は、高温側で150℃、低温側で-150℃まで耐えられるように設計されているとのことです。これは、宇宙ステーションの温度などの数値と経験から決められたものでしょう。

　太陽系の中にある物体（天体なども）が受け取る熱は、太陽からの電磁波エネルギーに限定されます。そのため、エネルギーの強さは太陽からの距離に関係します。太陽からの距離が2倍になると、受け取るエネルギーは$\frac{1}{4}$になります。太陽と地球との距離である約1億5000万kmを **1AU**（天文単位）で表しますが、この距離で地球が受け取るエネルギーは1m²あたり1.37kWです。火星は1.52AUの距離にあるので、火星が受け取れるエネルギーは地球の$\frac{1}{2.31}$になり、これは地球の0.433倍なので、1m²あたり0.52kWとなります。

　物体がエネルギーをどれだけ吸収できるか（反射するか）は、表面の状態で決まります。物体は吸収したエネルギーに応じて熱放射を行うため、それがバランスしたところが物体の温度になるのです。地球には大気があり、地表の70%が海でおおわれています。地球からの熱放射の一部を炭酸ガスなどが吸収して、適度な温室効果をもたらすので、平均温度は17℃と計算されています。一方の火星は平均-54℃と見積もられています。人工衛星なども基

第6章 宇宙と熱の話

本的にはこのしくみで温度が決まりますが、形状や材質が複雑なので、実際には対象ごとに違いがあります。また、温度が著しく高くなると内部の機器などを傷めるので、遮熱対策や放熱対策が施されています。

6000〜8000Kの電磁波放射

太陽光

太陽

反射

電磁波放射

宇宙空間（約3K）に向かって電磁波を放射

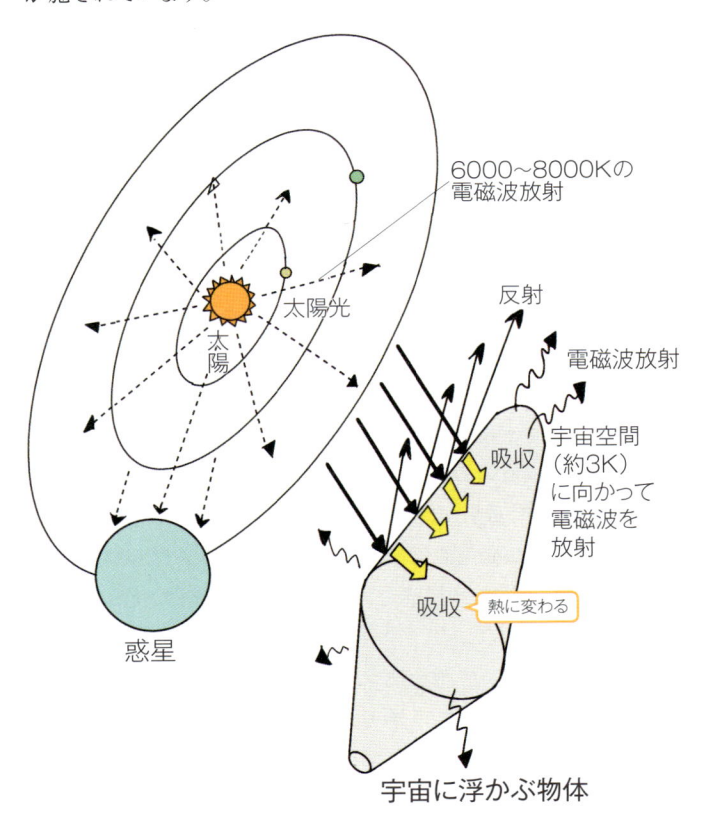

吸収

吸収 → 熱に変わる

惑星

宇宙に浮かぶ物体

図　太陽系の中にある物体に太陽からのエネルギーが当たると、一部は反射されますが、残りは吸収されて熱に変わります。熱をもった物体は、その温度に応じて宇宙空間（約3K）に電磁波を放射します。これらのバランスで、宇宙での物体の表面温度が決まります

05 宇宙では電源をどうするの？

　太陽系の中でも、太陽に比較的近いところでは、多くの人工衛星や宇宙ステーションなどの主要電源に、**太陽電池**が使われています。一方、太陽光が弱くなる遠く離れた場所では、現在のところ、重い原子の**核崩壊熱**(ラジオアイソトープ)という原子核の壊変(かいへん)で生ずる熱を用いた**熱電発電器**が使われています。

　太陽エネルギーが広がると、距離の2乗で希薄になっていくので、太陽から遠ざかるにつれて、電力を得るための太陽電池の受光面積も大きくなっていきます。太陽電池の効率は、高温で下がり、低温で上昇する特徴をもっていますが、その変化の大きさは太陽電池の種類によって異なるので、ここでは考慮しないことにします。

　地球の距離を基準(太陽エネルギーを$1m^2$あたり1.37kW受け取る)にすると、同じエネルギーを得るのに、火星付近の太陽電池の受光面積は地球の2.25倍が必要で、木星付近では25倍くらい必要です。ところが、人工衛星の打ち上げには総重量に大きな制約があり、当然発電設備に割り当てられる重さにも制限が課せられます。そこで、太陽光さえあれば半導体素子で光から電気を取りだせる折りたたみ式の太陽電池がたくさん使われています。

　また、原子の核崩壊熱を使う**原子力電池**と呼ばれる熱電発電器は、1972年のパイオニア10号や1977年のボイジャー1号などの惑星間探査機のほか、アポロ計画の月面着陸ミッションでも使われました。熱源には、プルトニウム238(Pu:元素番号94、半減期87.7年)を利用しています。この同位体は核分裂反応熱を利用する原子力発電の副産物から加工生成されています。プルトニウム238は崩壊して安定したウラン234に変わりますが、そのとき

1kgあたり567Wのエネルギーを絶えず生みだす力をもっています。熱エネルギーは反応で生成したヘリウムが担っており、約1275K以上の温度で伝熱板を通して熱電素子に伝え、宇宙空間の約3Kとの温度差（素子間温度は、高温側1275K、低温側575K）を利用して、熱電変換素子により電気を取りだしているのです。

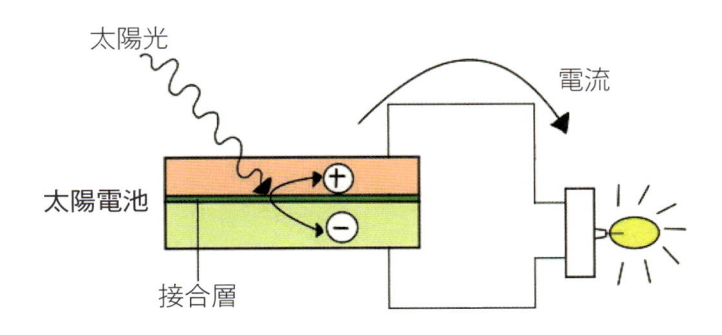

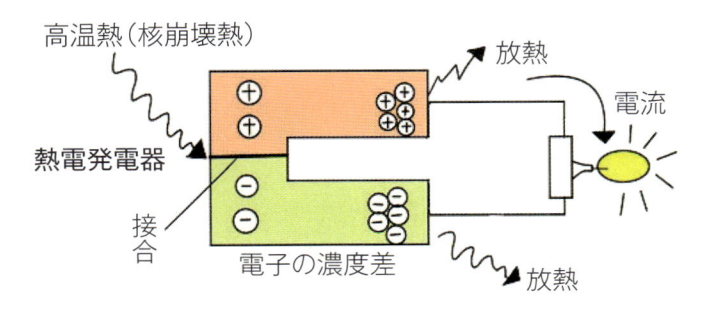

図　宇宙での電源は、太陽電池か熱電発電器が使われています。いずれも固体素子を使うので、信頼性のある構造にできます。太陽電池は性質の異なる半導体（p型とn型）を接合して、その界面に光が当たると電子がたたきだされ発電します。熱電発電器は性質の異なる2種の半導体（p型とn型）を接合し、その界面を加熱し他方を冷やすと、温度に比例した電子の運動の違いから電子の濃度の差が生まれ、その濃度の差を均一にしようとすることで発電します

《 参 考 文 献 》

『熱とはなにか』 ヤ・エム・ゲリフェル/著、豊田博慈/訳(東京図書、1966年)

『エネルギー』 林健太郎/著(東大出版会、1974年)

『地球の物理』 島津康男/著(裳華房、1971年)

『太陽エネルギー利用ハンドブック』 太陽エネルギー利用ハンドブック編集委員会/編
(日本太陽エネルギー学会、1985年)

『おいしさをつくる「熱」の科学』 佐藤秀美/著(柴田書店、2011年)

『冷凍博士の「冷凍・解凍」便利帳』 鈴木徹/監修(PHP研究所、2011年)

『家電製品がわかるI』『同II』 佐藤銀平、藤嶋昭/著、井上晴夫/監修(東京書籍、2008年)

『エネルギー論』 向坊隆、青木昌治、関根泰次/著(岩波書店、1976年)

『電気工学ハンドブック』 電気学会/編(オーム社、2001年)

『熱電変換ハンドブック』 梶川武信/監修(エス・ティー・エス、2008年)

『新版 熱電変換システム技術総覧』 梶川武信、佐野精二郎、守本純/編(サイペック、2004年)

『エネルギー工学入門』 梶川武信/著(裳華房、2006年)

『「再生可能エネルギー」のキホン』 本間琢也、牛山泉、梶川武信/著(SBクリエイティブ、2012年)

索 引

あ

アーク	158
揚げる	96
圧力鍋	102
炒める	94
渦電流	104、156
打ち水	74
宇宙背景温度	178
海風	28
エアコン	48、70、160、168
エクリン汗	122
エネルギー保存則	142
エリスリトール	172
遠赤外線	50、53、58、86
エントロピー	140
温室効果	24、184
温点	47

か

カーボンヒーター	52
化学繊維	58、78
核エネルギー	34、82、182
核分裂	34、186
核崩壊熱	16、34、186
核融合	34、137、182
可視光線	12、24、46
化石燃料	32、146、170
過冷却	110
気化熱	112
機能素材	54
凝固点	108
強制対流熱伝達	52、60
燻製	98
形状記憶	134
結晶格子	39
結露	56
ケルビン	10、12、46
原子力電池	186
顕熱	172
高吸水性ポリマー	80
黒鉛ケイ石	58

さ

サーミスタ	164
サーモグラフ	166
再生可能エネルギー	36
紫外線	12、24、46
直火焼き	84
自然対流	50、182
蒸気サイクル	146
蒸気発電	128、142、146、154
蒸発潜熱	58、70、88、90、94
除湿器	56
深層水	30
スターリングエンジン	144
スタラ・ファン	107
成績係数	48
赤外線	12、24、46、52、58
絶対温度	10、64、142
潜熱	48、58、70、88、90、94
相変化	90、112、114、161

た

体感温度	60、74
対向流	125、160
太陽エネルギー	14、24、36、46

断熱	38、54、58、172、174
地中熱	72
直接接触	160
ディーゼルエンジン	148
電気抵抗	50、62、104、150
電磁波	12、34、46、72、82、106
電子冷却	168
天然ガス	32、44
突沸	90
土鍋	100

な

軟化点	130
ニクロム線	50、62
二次エネルギー	32、170
煮る	92
熱機関	143、144、146
熱交換器	66、70、160
熱光電池	138
熱伝達	52、60、114、160、182
熱電対	164
熱伝導	38、50、54、58、76、84
熱伝導率	38、52、54、64、84、100
熱電発電	151、186
熱放射	12、50、52、54、59、84
熱ポンプ	48
熱輸送	174
熱容量	28、100、172、176
熱流	17、143、161

は

廃熱	26、68、128、174
バイメタル	132
発汗	58、60、76、78、122
発熱機	156
ハロゲンランプ	52
半減期	16、35、186
ヒートアイランド	26
ヒートテック	58
ヒートパイプ	162
ビッグバン	178
比熱	28、100、176
備長炭	86
風力	36、156
輻射伝熱	12
沸騰	22、48、88、90、92
不凍液	66
プラズマ	136、178
保冷剤	80、168

ま

マイクロ波	106
摩擦電気	20
摩擦熱	16、42、106
マルテンサイト	134
ミトコンドリア	120
無酸素水	18
蒸す	88、102
綿素材	54
面冷房	72
毛細管現象	78
毛細動脈	124

や・ら

焼なまし	130
融解熱	108、110
融点	10、63、130、158、164
誘導加熱	104
ラジエーター	66

サイエンス・アイ新書 発刊のことば

science・i

「科学の世紀」の羅針盤

　20世紀に生まれた広域ネットワークとコンピュータサイエンスによって、科学技術は目を見張るほど発展し、高度情報化社会が訪れました。いまや科学は私たちの暮らしに身近なものとなり、それなくしては成り立たないほど強い影響力を持っているといえるでしょう。

　『サイエンス・アイ新書』は、この「科学の世紀」と呼ぶにふさわしい21世紀の羅針盤を目指して創刊しました。情報通信と科学分野における革新的な発明や発見を誰にでも理解できるように、基本の原理や仕組みのところから図解を交えてわかりやすく解説します。科学技術に関心のある高校生や大学生、社会人にとって、サイエンス・アイ新書は科学的な視点で物事をとらえる機会になるだけでなく、論理的な思考法を学ぶ機会にもなることでしょう。もちろん、宇宙の歴史から生物の遺伝子の働きまで、複雑な自然科学の謎も単純な法則で明快に理解できるようになります。

　一般教養を高めることはもちろん、科学の世界へ飛び立つためのガイドとしてサイエンス・アイ新書シリーズを役立てていただければ、それに勝る喜びはありません。21世紀を賢く生きるための科学の力をサイエンス・アイ新書で培っていただけると信じています。

2006年10月

※サイエンス・アイ（Science i）は、21世紀の科学を支える情報（Information）、知識（Intelligence）、革新（Innovation）を表現する「 i 」からネーミングされています。

SB Creative

SIS-333

http://sciencei.sbcr.jp/

暮らしを支える「熱」の科学

ヒートテックやチルド冷蔵、
ヒートパイプを生んだ熱の技術を総まとめ!

2015年6月25日　初版第1刷発行

著　者	梶川武信
発 行 者	小川 淳
発 行 所	SBクリエイティブ株式会社
	〒106-0032　東京都港区六本木2-4-5
	編集:科学書籍編集部
	03(5549)1138
	営業:03(5549)1201
装丁・組版	株式会社エストール
印刷・製本	図書印刷株式会社

乱丁・落丁本が万が一ございましたら、小社営業部まで着払いにてご送付ください。送料小社負担にてお取り替えいたします。本書の内容の一部あるいは全部を無断で複写(コピー)することは、かたくお断りいたします。

©梶川武信　2015 Printed in Japan　ISBN 978-4-7973-8148-1

SB Creative